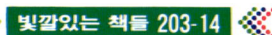

빛깔있는 책들 203-14

방과 부엌 꾸미기

글,사진/뿌리깊은나무

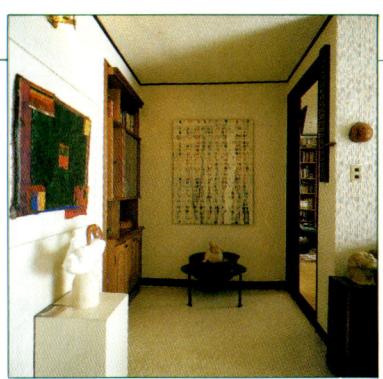

대원사

글/김연옥(샘이깊은물 기자)
  김인선(샘이깊은물 전 기자)
  김미영(자유기고인)
  김향숙(소설가)
사진/강운구(샘이깊은물 사진 편집위원)
  권태균(샘이깊은물 전 사진 기자)

방과 부엌 꾸미기

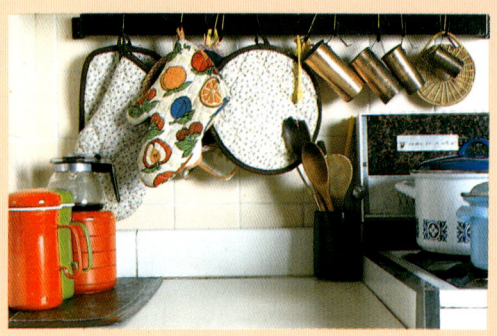

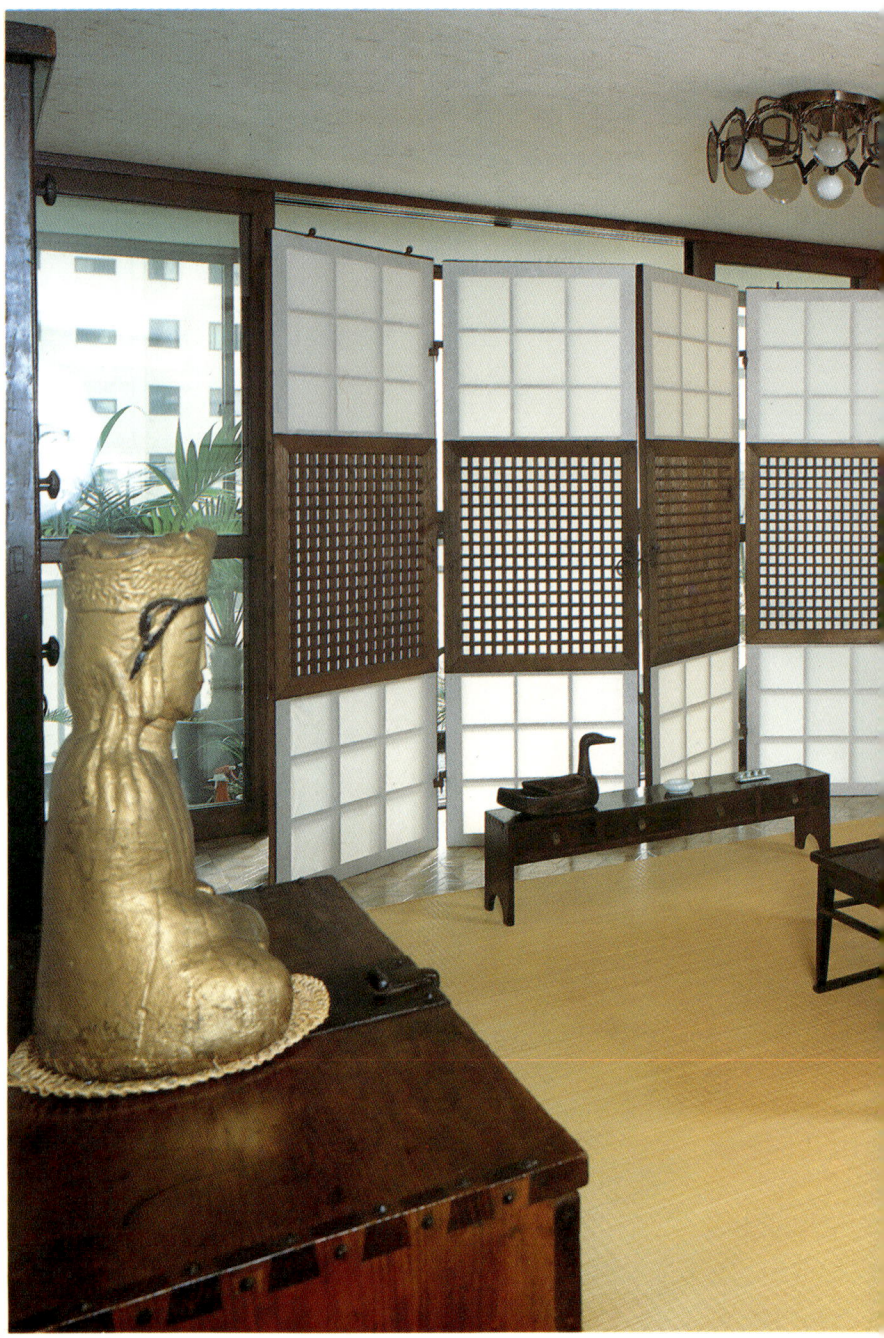

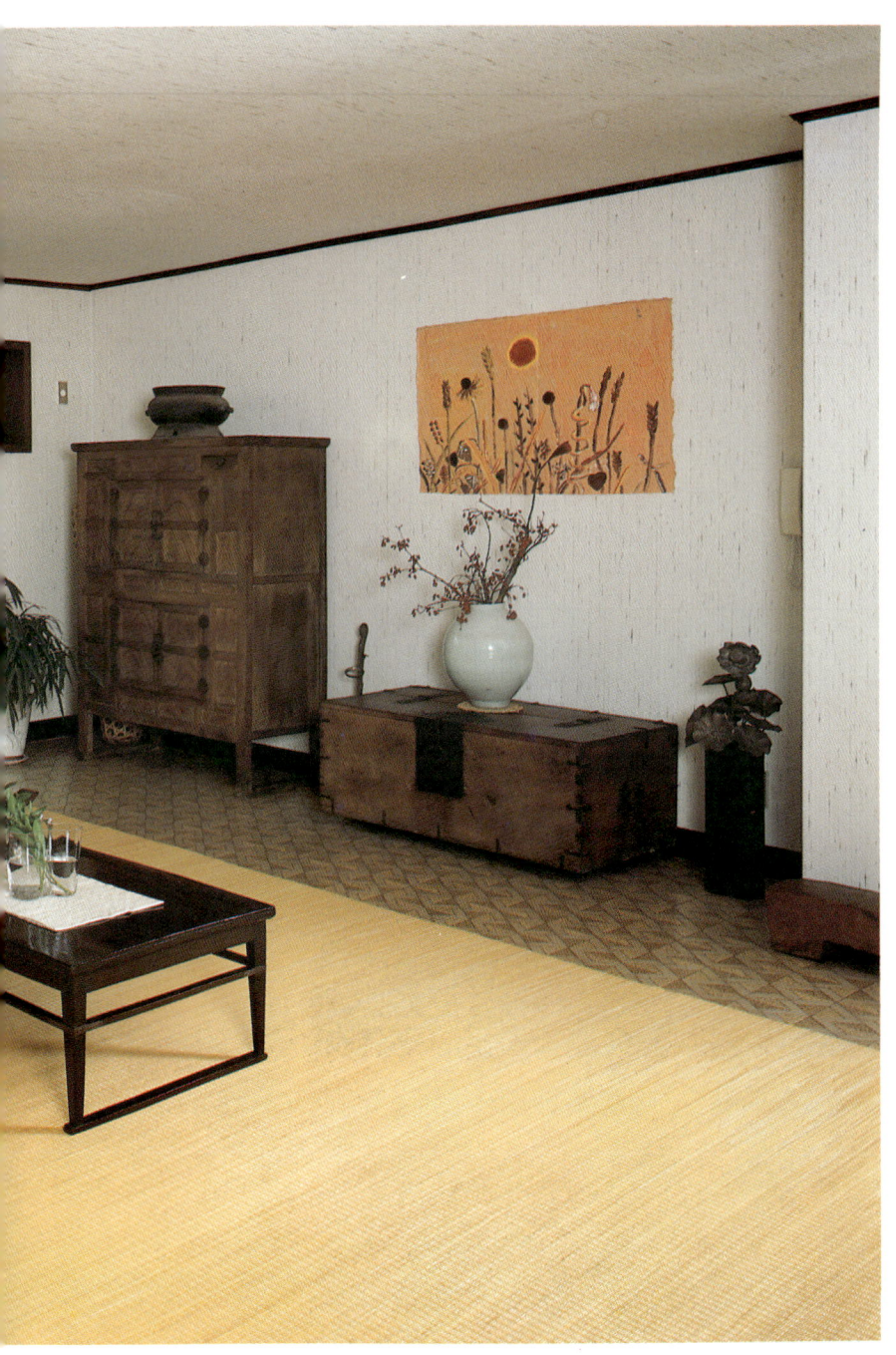

배현주 씨의 신방

　서울 옥수동에 있는 아파트의 시댁에 신접 살림을 차린 배현주 씨의 신방을 구경해 보자.

　배현주 씨의 신방은 거실의 서쪽, 현관에 들어서서 보아 바로 오른쪽에 있는 문간방이다. 현관 바로 왼쪽 곧 배현주 씨 방의 맞은편에 문이 난 작은 방도 이 젊은 부부의 차지인데, 옷과 이불 같은 물건들을 담아 놓은 수납 공간으로만 쓰고 있다.

　이 젊은 부부의 방은 완전히 한식 일색으로 꾸며서 이십대 부부에 대한 통속적인 기대를 뜻밖이랄 만큼 배반하는 신방이었다.

　방바닥에는 노란 종이 장판을 바르고 벽과 천장에 흰 빛깔로 도배를 한 방안의 가구들이 모두 짙은 밤색 나는 새로 만든 전통 가구들이다. 문에 서서 바라보아 왼쪽 벽에 문갑이 있고 그 양 끝에 사층 탁자가 붙어 서 있다. 그 맞은편 벽의 한 구석에는 사층 책장이 있고, 그 옆으로 벽을 따라 소반이며 경대 같은 작은 세간들이 차분하게 늘어서 있다. 창문이 달린 방의 남쪽 벽 중간에는 길다란 책상이 붙어 있다. 다만 한쪽 구석에 침대 대신에 놓인 매트리스가 좀 이질적인 식구라고 할 수 있겠는데 한옥 방에서 다리가 달린 침대를

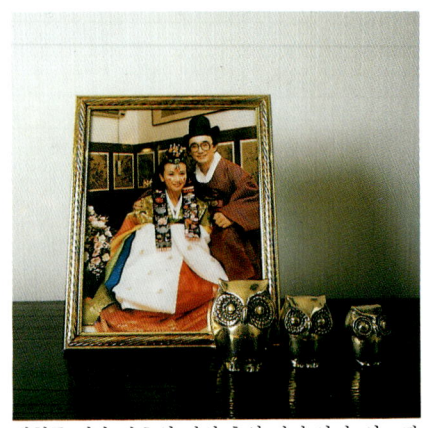

배현주 씨와 박호성 씨의 혼인 기념 사진. 사모관
대와 원삼 족두리를 쓴 전통 혼례복 차림의 모습
이 이 방의 분위기를 잘 말해 준다.

사용하는 것이 "갓 쓰고 자전거 타는 것 같다"고 생각한 이 방 주인
이 매트리스만 따로 떼어내어 깐 것이다. 원래 있던 샹들리에를
뜯어내 버리고 천장 한쪽에 구석으로 좀 치우친 자리에 갓이 까만
부분 조명기를 세개 달아 놓은 것이 단조로울 듯한 방의 분위기에
신선한 액센트를 제공해 준다.

　너무 과장되고 그래서 잔뜩 널리고 다닥다닥 붙기가 쉬운 것이
젊은 부부의 신방이라면 이 방은 그와 반대로 절제의 미덕이 아주
넉넉해 보인다. 물건들이 작고 적으며 두드러지게 나서는 물건들이
없고, 서로 거리를 두고 다소곳하게 앉아 있어서 매우 차분하고
세련된 풍경을 이룬다. 한쪽 사층 탁자에는 작은 향과 염주와 기러
기 한쌍이, 다른 사층 탁자에는 혼례 때에 썼던 족두리와 신랑, 신부
의 사주 단사가 층층이 놓여 있다. 문갑 위에는 배현주 씨의 외삼촌
이 선물한 작은 시계와 부엉이처럼 내외지정이 늘 가까워져 있으라
고 먼 친척이 선물한 작은 부엉이가 셋이 키를 재고 있을 뿐이다.

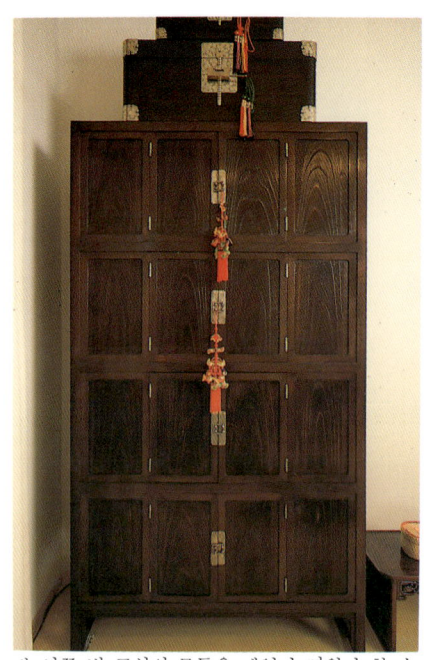
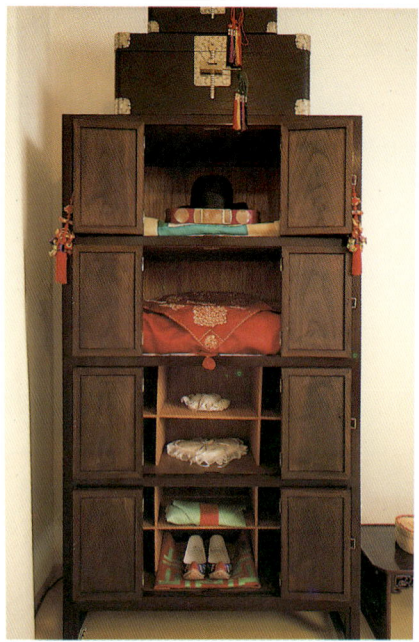

방 서쪽 벽 구석의 문틀을 떼었다 끼웠다 할 수 있는 사층 책장이다.

사층 책장 안에는 혼수 물건들을 정리해 놓아 퍽 실용적이고 아기자기하다.

　이 방에서 가장 두드러지게 눈길을 끄는 곳은 방 서쪽 벽 구석의 문틀을 떼었다 끼웠다 할 수 있는 사층 책장이다. 서울 인사동의 "화안"이라던가 하는 데에서 샀다는 그 책장 안에 혼수 물건들을 정돈해 놓은 모습이 문을 떼어 놓으면 그대로 전아한 풍경이 된다. 아래 두층에 칸막이를 짜넣어서 꽤 실용적이다.

　흔히 혼수 하면 덩지 큰 장서부터 실제 생활에는 짐만 되고 거의 불필요한 침구며 세간들을 명분을 이기지 못해서 꾸역꾸역 장만하기가 쉽건만, 이 방의 차림에서 보는 것처럼 배현주 씨 부부는 그런 번거롭고, 비실용적인 명분론을 거의 배격했다. 장이라고는 앞에서 말한 작은 방에 놓고 쓰는 조립식 장이 전부라고 한다.

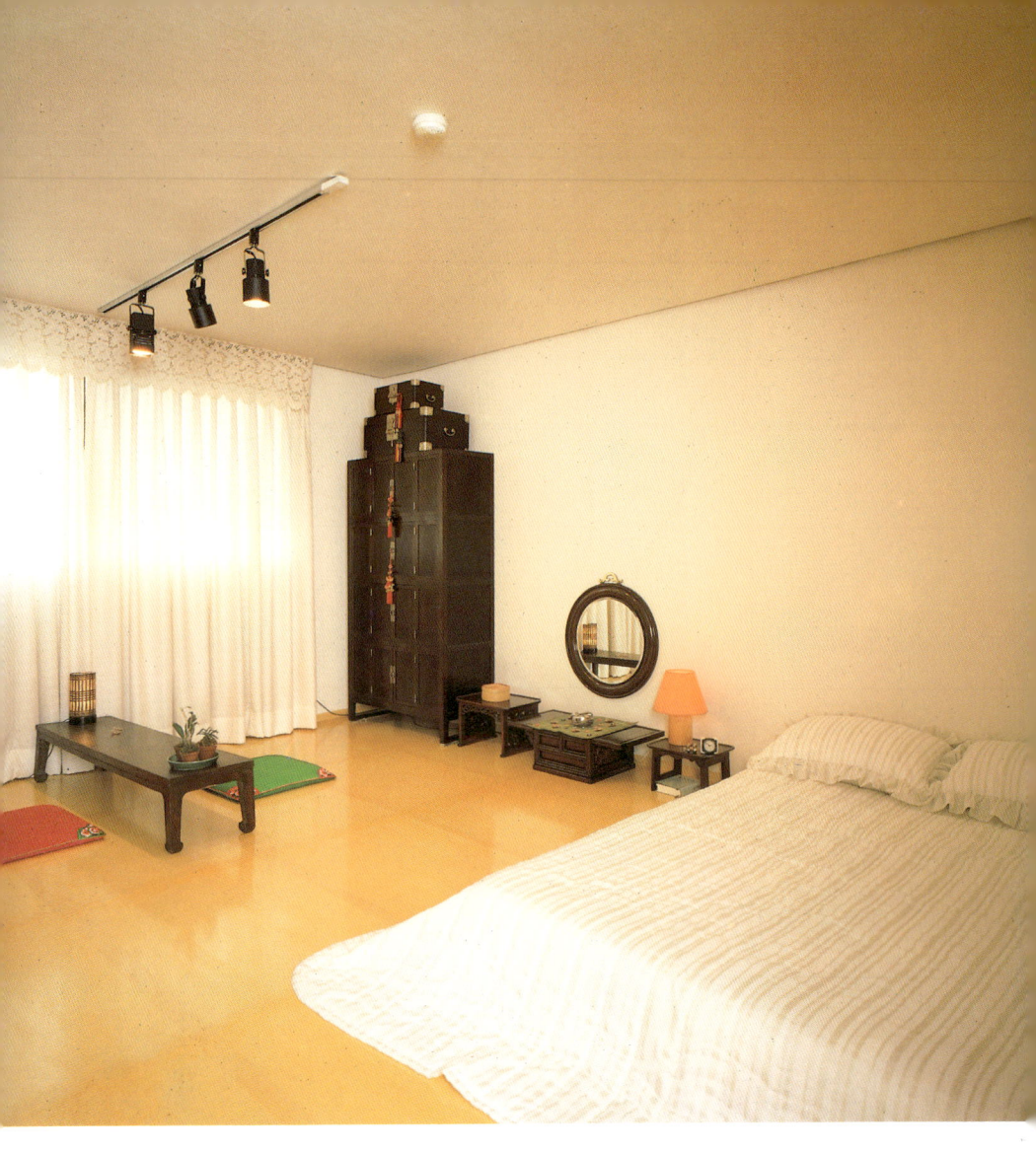

이십대 신혼 부부로는 보기 드물게 방을 한식으로 차렸다. 대단히 깔끔하고 세련되어 보인다. 천장에 달린 조명 기구가 자칫 단조롭기 쉬운 이 방의 분위기에 신선한 액센트를 제공해 준다.

방바닥에는 노란 종이 장판을
바르고 방안의 가구들이 모두
전통 가구들인 한식방에는
침대가 어울리지 않는다. 매트
리스만 따로 떼어 깔았다.

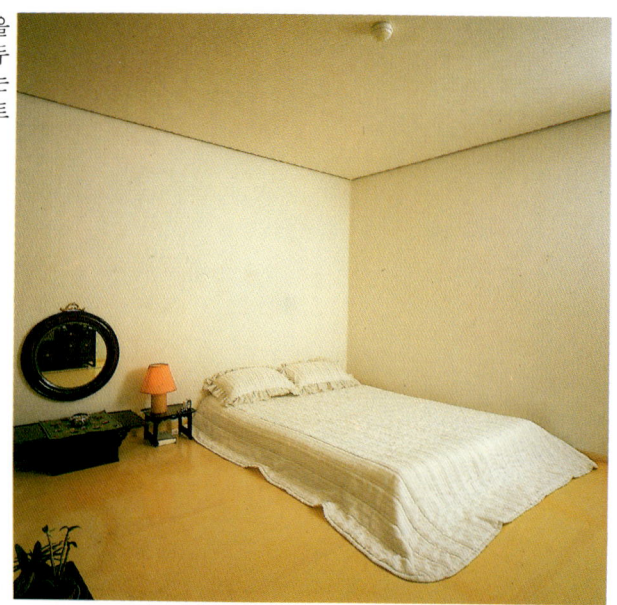

문갑 양쪽에 사층 탁자를
놓았다. 그 탁자에는 향과
염주, 기러기, 족두리, 사주
단자 등 혼인 선물로 받은
작은 물건들이 차분하게 놓여
있다. 앞에 제주 풍란이 보인
다.

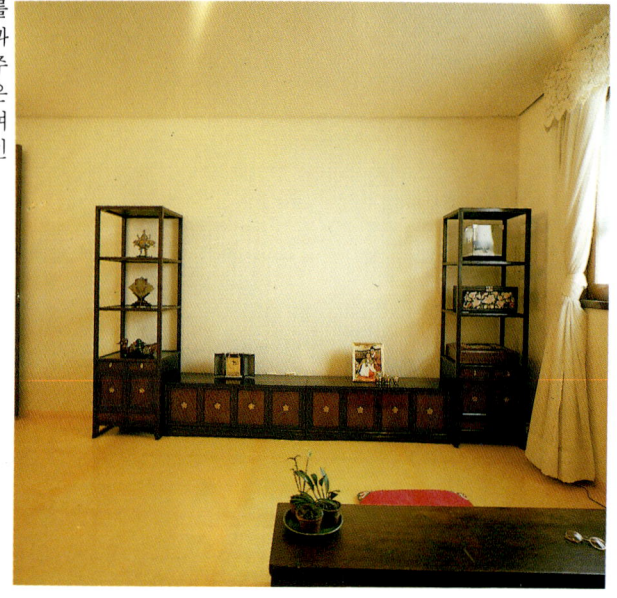

이 방의 세간들이 가게에서 나와 주인과 만난 지가 얼마 아니된 것들이어서 주인의 손때에 좀더 길들여져야 할 것들인데, 방 가운데 놓인 친척 어른이 선물하셨다는 긴 책상은 실팍하고 느낌이 따뜻하다. 배현주 씨의 친정아버지가 제주도에서 가져온 작은 풍란들과 책상 끄트머리에 있는 원통형 램프와 잘 어울린다.

흰색, 회색, 검정색을 좋아한다는 배현주 씨는 장식적인 것보다는 단순한 것을 더 좋아한다. 한식으로 고집을 부려 방을 꾸몄지만, 실제로는 좀 불편한 점이 없지는 않아도 심리적인 보람을 크게 느낀다고 한다. 다음에 새로 집을 장만하게 되면 안방은 양식으로 꾸밀 것이지만, 집 한구석에 한식으로 된 방이 하나는 반드시 있어야 한다고 그는 생각한다.

최문숙 씨 집의 **안방**

　　최문숙 씨가 사는 쉰일곱평짜리 아파트는 거실을 중심으로 해서 남쪽에 테라스가 났고 서쪽으로 왼켠에 넓은 침실이, 오른켠엔 건넌방과 목욕탕, 부엌과 부엌에 딸린 방이 자리잡고 있다. 부엌에 딸린 방은 옷들만 따로 모아두는 곳으로 삼았다. 동쪽 현관에서 거실로 이어지는 골마루 오른켠에 화장실과 거실 쪽으로 문을 낸 작은 방이 있고 그 왼켠이 바로 안방이다. 본디 지금의 침실을 안방이라고 해야 옳을 터이나 그것을 따로 두고 최문숙 씨는 이 문간방을 자기 혼자만 쓰는 안방으로 꾸몄다.

　　안방은 장방형으로 넓이가 대여섯평쯤 된다. 누런 장판지로 바닥을 바른 위에 엷은 귤색 보료를 깔고 뿔테 안경을 얹은 작은 서안을 방 한가운데에 놓았다. 하얀 인조 실크 커튼을 통해 스며나오는 은은한 빛이 서안과 어울리고 방바닥에 얼비쳐 깔끔하고 정갈한 느낌을 준다.

　　최문숙 씨의 안방은 매우 간결하고 검약스런 차림이다. 가구라야 문 오른쪽 벽에 놓인 문갑과 한쪽 무릎을 고쳐세우고 앉은 새색시처럼 작은 경대 그리고 그 맞은편 벽의 아담한 이층장이 전부이다.

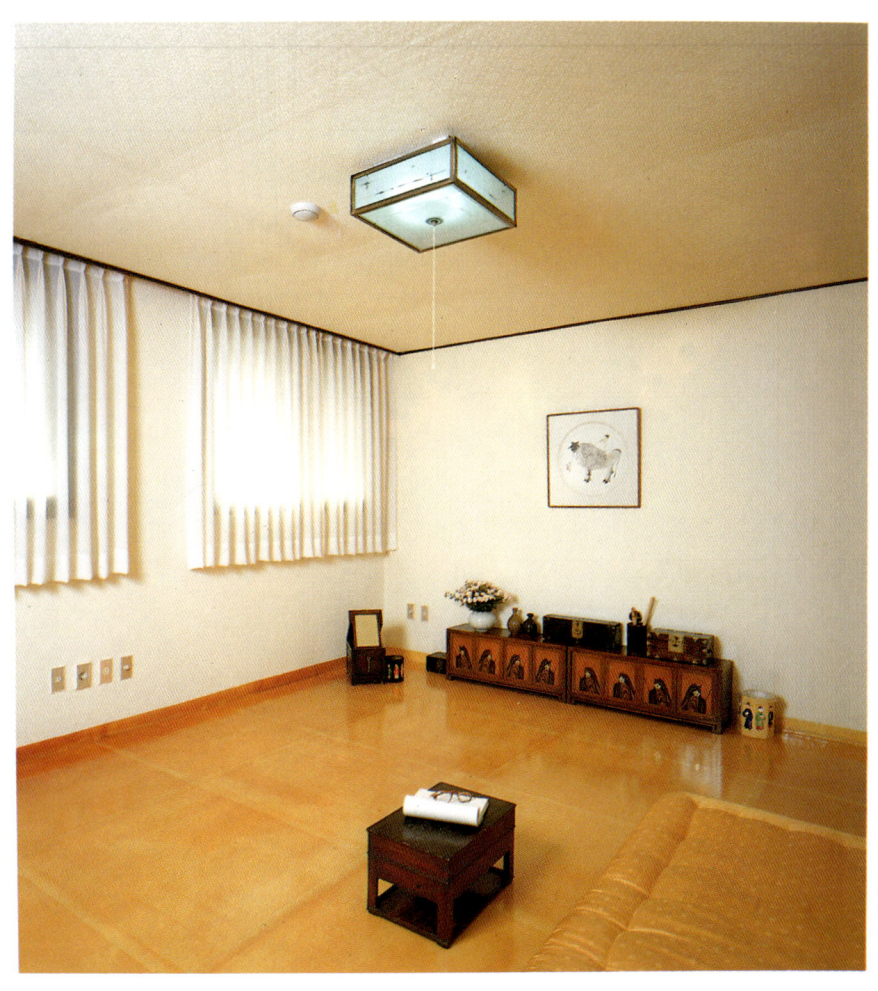

침실을 따로 두고 그가 혼자 쓰도록 안방을 꾸몄다. 덧붙이거나 벌려 놓기를 싫어하는 그의 마음씨가 두드러져 보이는 차림으로 매우 검약스럽고 간결하다.

작은 상자 둘과 흙빛, 고동빛 도자기 둘 그리고 가위, 편지뜯개, 자가 꽂힌 지통을 가지런히 위에 얹고 비단 자수를 놓은 중국제 쓰레기통 들을 옆에 두었다. 뭣 하나 흐트러지거나 반듯하지 않거나 흘린 데가 없다.

물건들은 문갑이나 상자 속에 차곡차곡 담아 둔다. 이를테면 손바닥만한 경대 서랍엔 화장 도구들을, 문갑 위 상자엔 카세트만 따로 담았고 안경—안경이 무척 많다—만 담은 상자도 있다. 보이지 않는 구석도 꼼꼼히 저며두는 모습이다. 거실에는 그래도 나라 밖에서 살 때에 모은 라틴풍의 강렬한 유화나 펜화, 원색으로 짠 타피스트리 들이 적지 않게 걸려 있건만 안방에는 담백한 동양화를 벽마다 한점씩 걸어 놓았을 뿐이어서 차라리 텅빈 듯한 느낌이 든다.

이 방에 따뜻한 느낌이 모자라다는 사실은 방 주인 자신도 충분히 알고 있다. 우선 창문이 방의 크기에 견주어 지나치게 크며 검은색으로 칠한 창틀도 아파트 업자가 지은 대로 조잡하고 산만하다.

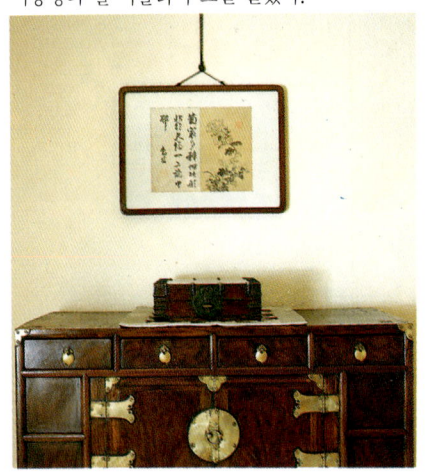

시집올 때에 시부모님이 준 이층장과 시화. 국화가 이층장과 잘 어울려서 그걸 걸었다.

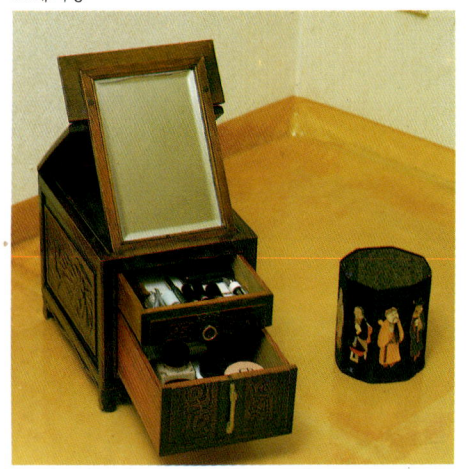

비단으로 수를 놓아 덮개를 씌운 중국에서 만든 쓰레기통

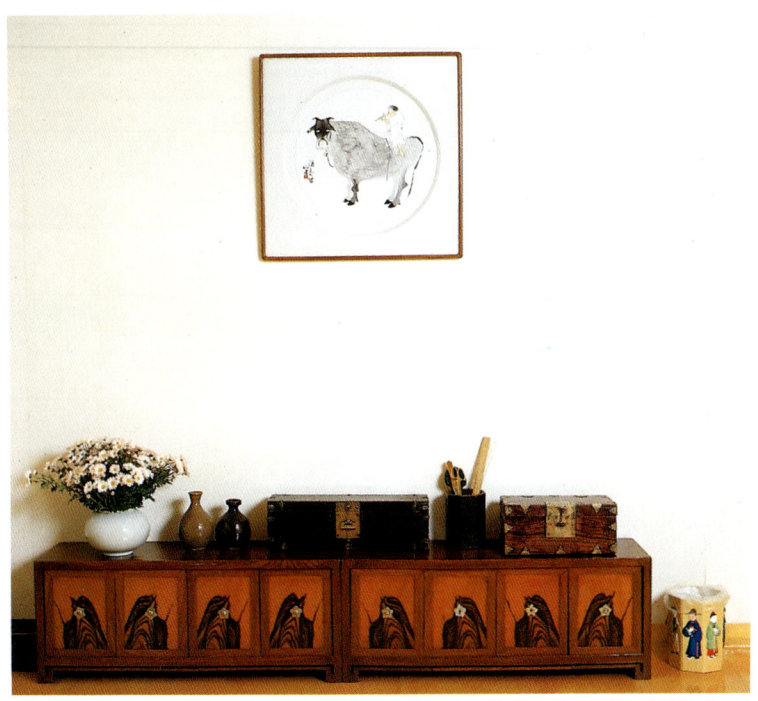

시어머님이 준 문갑을 놓고 그 위를 소박하고 깔끔하게 꾸며 놓았다. 흐트러지거나
흘린 데가 없다. 문갑 위에 놓인 상자 속에는 작은 생활 용품들이 담겨 있다.

한쪽에 작게 냈다면 좀더 변화와 재미도 있고 아늑할 것이련만 할
수 없이 최 여사는 하얀 커튼으로 벽을 온통 드리워 놓았다. 특히
불만인 것은 문 왼쪽 벽의 절반을 차지하는 붙박이장이다. 너무
크고 투박해서 다른 가구들과 싸울 뿐 아니라 방 전체에 거칠고
생경한 느낌을 준다. "헐어낼 수도 없고 창문처럼 커튼으로 처리할
수도 없지 뭐예요. 붙박이장을 없애고 벽도 한지로 도배를 하면
방 분위기가 훨씬 구수할 텐데…." 벽마다 삐죽삐죽 돋은 전기 소켓
도 조잡하고 보기가 싫으나 가구가 워낙 간소하다 보니 가리질 못하
고 그냥 놔 두는 수밖에 없었단다.

김필규 씨 집의 **안방**

　지난 팔십이년에 지어진 김필규 씨의 조촐한 이층 양옥을 방문했다. 이 집은 일층에 응접실, 거실, 식당과 부엌, 안방 들이 있고 이층은 두 아들의 방으로 짜여져 있다. 기술자들에게 맡길 일 빼고는 집의 모양이며 위치, 짜임새 같은 것들을 죄다 집 주인의 아이디어대로 지었다고 한다. 남향집인 그의 집의 일층을 보자. 동쪽의 현관을 지나면 맨먼저 응접실, 그 다음으로 거실이 나온다. 거실 북쪽에 식당과 부엌이 붙어 있고, 그 서쪽에 그러니까 일층의 서쪽 맨끝에 안방이 자리잡고 있다.

　요즈음에 우리나라에 들어서는 양옥이란 이름의 집들이 흔히는 좌식과 입식을 얼마쯤 얼버무린 것들이기가 쉽지만 입식 생활에 크게 기울게 지어진 집이 김필규 씨의 집이다. 그러나 "양옥"의 안방이 뜻밖에도 전통 한옥 실내의 차림을 하고 있는 모습이 신선한 흥분을 자아낸다.

　처음에 김필규 씨의 집이 지어졌을 때에는 안방은 본디 이층에 있었고 지금의 안방 자리로 말할 것 같으면 애초에는 "사랑방"의 임무가 맡겨진 곳이었다. 사업상의 이런저런 일로 집에서 손님들

—특히 외국 손님—을 자주 치렀던 그는 비록 집의 전체적인 골조와 기능은 주어진 공간의 쓸모로 보아 양식으로 했지만, 손님과 마주하는 자리만큼은 전통 한옥의 분위기를 알뜰하게 살린 공간이 더 제격이라는 생각으로 지금과 같이 꾸민 것이다. 하기야 그런 "실리적인" 의도만 있었던 것은 아니고 양옥 속에서나마 스스로도 포근하고 따뜻하게 안길 수 있는 구석을 마련하고 싶은 욕심도 크게 작용했다.

침대 생활을 하도록 꾸며진 이층의 안방(부부의 침실) 생활을 청산하고 그 사랑방으로 지금의 안방 자리를 옮긴 것은 한두살씩 나이를 먹어 감에 따라 "온돌의 따스함이 그리웠기 때문"이었고, 오래 전부터 틈틈이 취미와 관심을 기울여 하나 둘씩 모아 온 전통 세간들을 더 가깝게 곁에 두고 지내고 싶다는 생각 때문이었다.

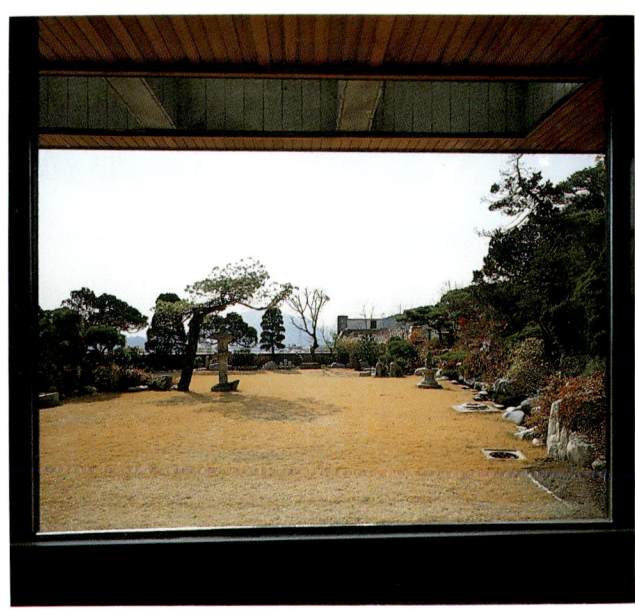

안방에 서서 창문 너머로 바깥 뜰을 내다보았다. 그의 집은 입식 생활에 크게 기울어져 있지만 안방이 뜻밖에도 전통 한옥 실내의 차림을 하고 있어서 신선한 흥분을 자아낸다.

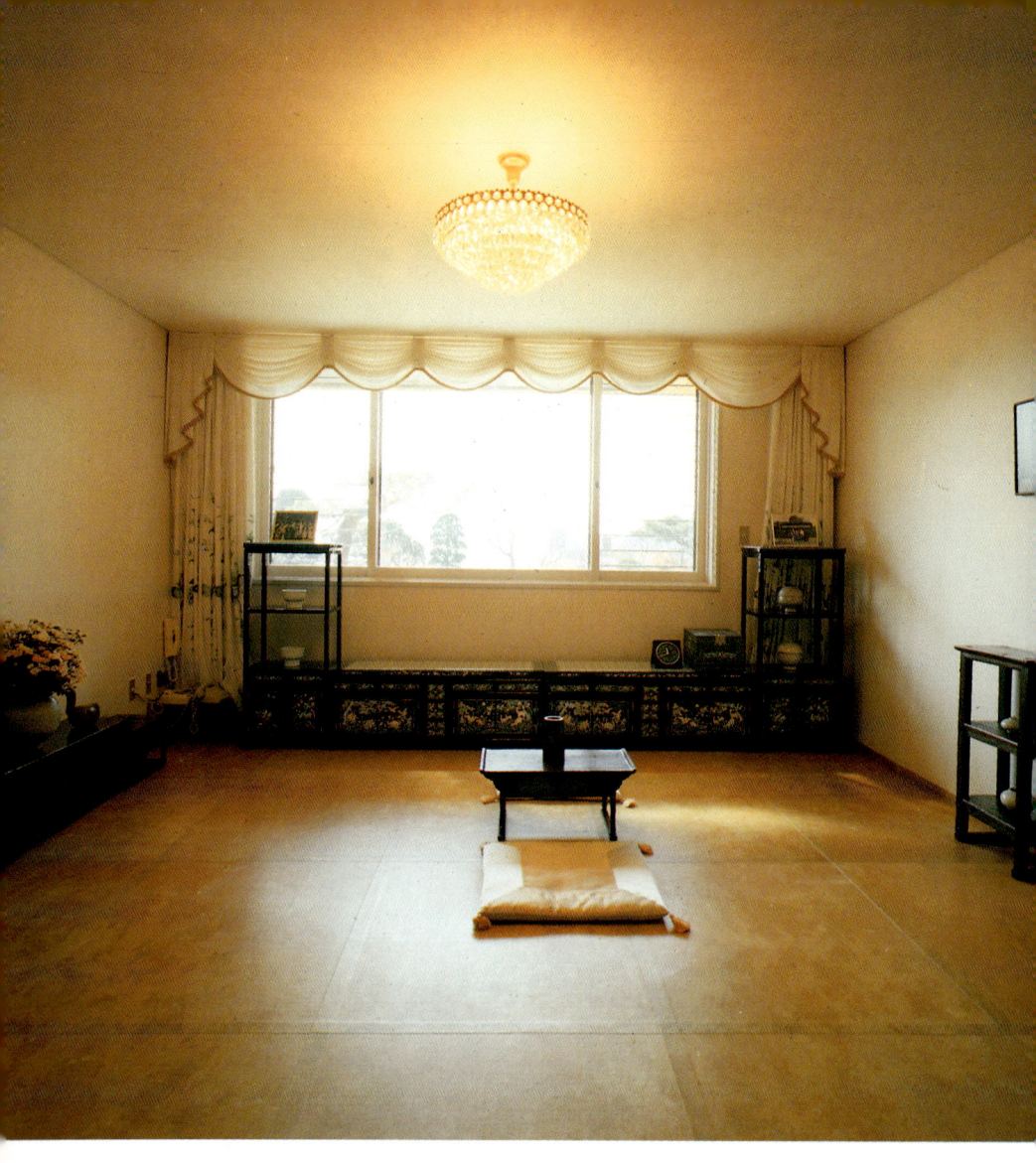

이런저런 일로 집에서 손님을 자주 치러야 했던 이 집 주인은 집의 골조와 기능은
양식을 주로 했지만 손님과 마주하는 "사랑방"은 한옥의 분위기를 살렸다. 그 사랑방
을 안방으로 삼은 것이 일년 전의 일이다. 가운데에 자개 문갑과 경상, 왼쪽에 전통
문갑과 연상, 오른쪽에 찬탁이 보인다.

20 안방

안방은 문이 동쪽에 있고 남쪽에는 커다란 창문이 나 있어서 바깥으로 뜰이 내다보인다. 벽과 천장은 하얀 한지로 온통 말끔하게 도배를 했다. 한지 도배의 침착하고 그윽한 분위기는 다른 어느 고급 벽지도 흉내내기가 어려울 거라는 생각이 이 안방에 들어와서도 새삼 든다. 방의 차림이 대단한 절제를 지키고 있다. 화가 장욱진 씨의 작은 그림 둘과 한자로 "연당"이라고 새긴 작은 목판 하나만이 걸려 있는 것말고는 벽들이 그냥 여백으로 남겨져 있다. 게다가 세간들마저 더없이 간소하고 또 하나같이 소품들뿐이어서 이것, 저것 많이 갖다 늘어놓아야 잘 사는 것이라고들 치는 현대인들 중에는 더러는 심지어 좀 쓸쓸하다고 여길 이도 없지는 않을 듯하다.

김필규 씨 집 안방에 사는 세간들은 작고 또 적지만 참으로 눈여겨볼 만한 가치가 있는 것들이다. 전통 사회의 방이나 부엌에서 허드레로 쓰이다가 오늘날에 와서 그 현대적인 디자인 감각의 아름다움이 높이 기려져 귀하게 대접받는 물건들이다. 동쪽 벽에 있는 길다란 문갑은 먹감나무로 짠 것이다. 이 문갑은 문짝마다 검은 나이테를 산수화가 되도록 살린 모습이 썩 아름답다. 문갑 오른쪽 끝에 연상 곧 벼룻집이 있다. 방 가운데에 경상이 보인다. 서쪽 벽에는 부엌 세간인 이층 찬탁과 서랍이 달린 자그마한 함이 있고 삼층 농이 놓여져 있다. 그 짙은 갈색 세간에 하얀 도자기들이 어울리니 작고 겸손한 체구들임에도 방 전체에 그윽한 정취를 뿜고 있다.

이 방은 한옥의 인간적인 스케일이 주는 안온함을 맛보기에는 좀 큰 편이다. 애초에 양옥을 지은 대가가 양옥식 규모의 "사랑방"을 꿈꾸고 다른 공간을 좁히고 일부러 넓게 잡은 방이어서 그럴 터인데, 남쪽의 넓은 창과 창틀과 커튼과 거실로 통하는 문들과 천장의 샹들리에 같은 것들은 전통의 분위기를 살리려는 의도에는 걸맞지 않는다고 주인도 말한다. 흔히 벽에 부착되는 소켓 같은 부속품들도 애초에 눈에서 숨도록 설치하거나 눈에 덜 띄게 가리는

먹감나무로 짠 문짝마다 검은
나이테가 있는 전통 문갑과
기러기, 목기와 그림이 흰
벽에 어우러져 아름답다.

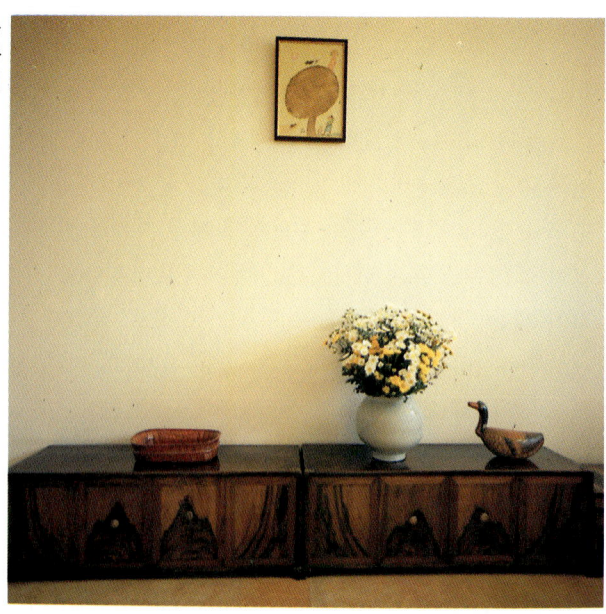

서쪽 벽에 있는 부엌 세간인
이층 찬탁과 서랍이 달린
자그마한 함이다.

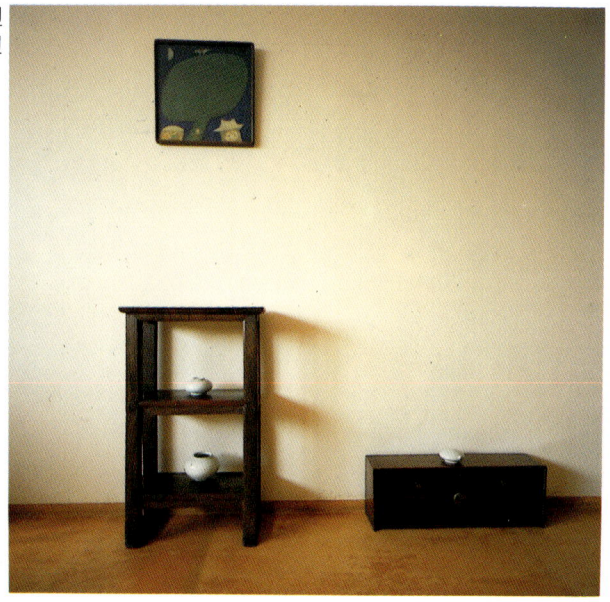

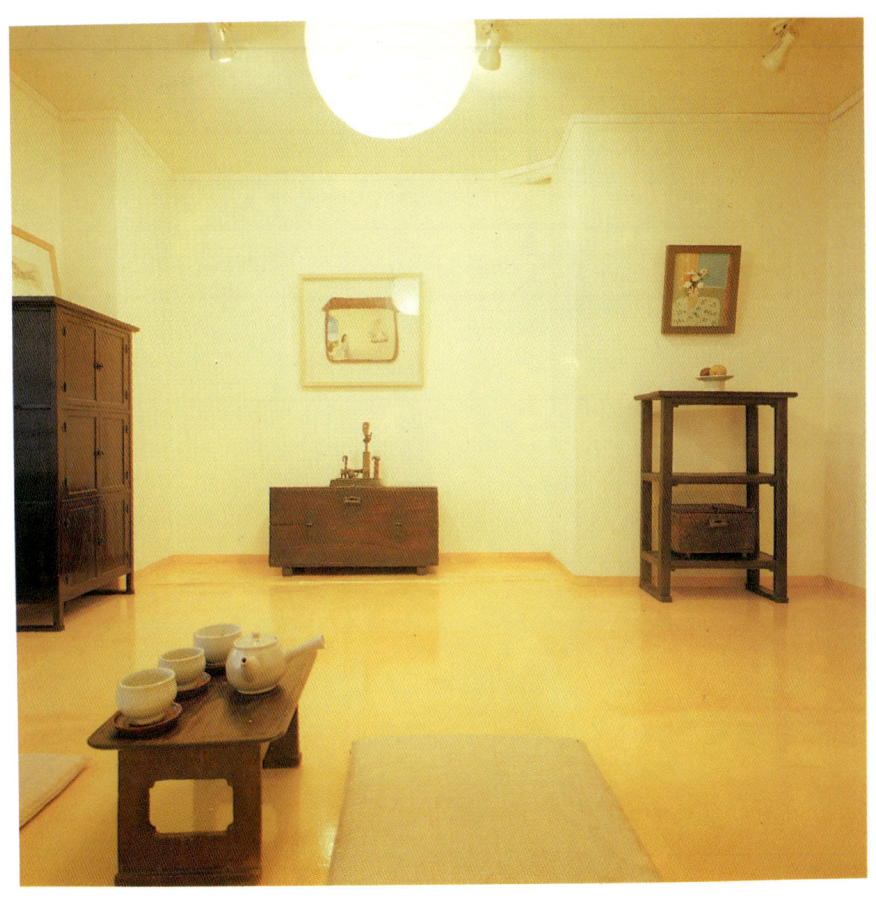

군데군데 가구들을 놓을 때에 작고 나지막한 것으로 골라 위압감이 없도록 배려했다. 그림을 걸 때에도 방바닥에 앉은 눈 높이에서 그리 부담이 되지 않도록 될 수 있는 대로 낮추었다.

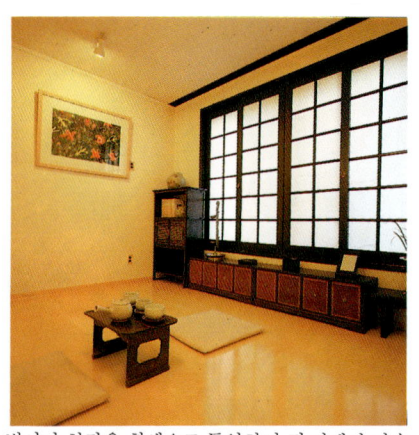
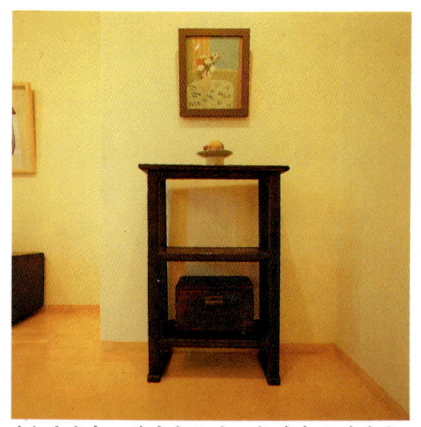

벽이나 천장을 흰색으로 통일하여 집 자체가 단순
한 데다가 가구도 조선 시대 목기가 주가 되어
분위기가 차분히 가라앉아 있다.

단순하면서도 세련된 목가구가 화랑 주인이기도
한 이 집 안주인의 빼어난 눈썰미를 말해 주는
듯하다.

이 안방은 내외의 침실이기도 하기 때문에 이불장으로 커다란
장롱을 하나 들여 놓았었다. 커다랗다고 해보았자 캐비넷 하나쯤의
크기였지만 어찌나 답답하고, 앉아 있느라면 공연히 주눅들게 내려
다보는 듯한지 이부자리를 들고 다니며 옮기는 것이 좀 거추장스럽
긴 해도 아예 이불장을 건너편 부엌 옆방으로 옮겨 버렸다. 탁자나
반닫이 들도 작고 나지막한 것으로 골라 위압감이 없이 아늑한 분위
기가 되도록 배려했다. 에어컨을 감추느라 하는 수 없이 한쪽 벽에
그림을 좀 높이 걸긴 했지만 그림도 방바닥에 앉은 눈 높이에서
그리 부담이 되지 않도록 될 수 있는 대로 낮추었다. 삼층장 위의
큰 그림은 일부러 벽에 걸지 않고 걸쳐 놓았는데 임시로 갖다 놓은
느낌이 있긴 해도 변화있고, 가끔 그림을 바꾸기에도 쉬운 듯하다.
　벽이나 천장은 흰색으로 통일하여 집 자체가 단순한 데다가 가구
또한 조선 목기가 주가 되어 차분히 가라앉은 분위기이지만 그림이
나 조각 같은 장식품을 자주 바꿀 수 있어 늘 새롭고 다양한 분위기
를 즐길 수 있다고 했다.

여대생 오지혜 씨의 방

　거실이나 식당같이 식구들이 함께 쓰는 곳과는 달리 혼자 쓰는 방은 그 방 임자의 성격이나 취미 그리고 사는 모습이 그대로 드러나기 마련이다. 방배동에 사는 오지혜 씨의 방은 "젊은 사람 방답다"라는 첫 인상이, 방이 꾸며진 내력을 들으며 찬찬히 보고 있느라면 점차 "포근하고 정이 가는 방"이라는 편안한 느낌으로 바뀐다.

　오지혜 씨로 말하자면 그의 부모 얘기도 또한 빠뜨릴 수가 없다. 오현경, 윤소정이라는 이름난 연기인이 부모인 것보다는 그의 부모가 그의 사람됨에 미친 영향, 쏟아 준 밑거름이 남달리 깊고 많기 때문이다.

　오지혜 씨는 가장 존경하고 부러워하는 연기인으로 주저없이 그의 어머니인 윤소정 씨를 꼽는다.

　"연기에 대한 어머니의 열성은 젊은 제가 따라가기 힘들 정도예요. 늘 보고 배우며 생각하는 어머니의 모습을 보며 도리어 제가 분발하곤 하지요. 어머니는 선배일 뿐 아니라 제게는 가상 가깝고 믿음직한 친구입니다."

　양장점을 경영하기도 하고 텔레비전 화면이나 연극 무대에 그가 맡아 하는 역할이 거개가 화려하고 개방적인 것들이어서 윤소정 씨 하면 사람들이 거개가 그런 분위기를 떠올리지만 오지혜 씨가 말하는 그의 어머니는 "매우 알뜰하고 보수적이며, 신앙으로 밑바탕이 단단한 여성"이다. 그는 독실한 기독교인이다. "보수적이라는 것과 융통성이 없다는 말은 다르지 않습니까? 저의 어머니는 한마디로 '넓은' 사람이에요. 그러나 기본은 보수적이지요."

그가 주는 화려한 인상과는 대조되게 윤소정 씨의 살림은 딸의 말처럼 매우 알뜰하고 검약스럽다. 그러나 그 알뜰함이라는 것이 경제적인 효과만으로 끝나는 것이 아니라 "창조"의 단계로 이어진다. 응접 세트의 커버며 커튼 감들도 손수 시장에서 떠다가 맡겨 만든 것이다. 그런가 하면 남들이 쓰다 버린 폐품을 멋진 작품으로 바꾸어 놓기도 한다.

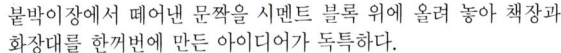

붙박이장에서 떼어낸 문짝을 시멘트 블록 위에 올려 놓아 책장과 화장대를 한꺼번에 만든 아이디어가 독특하다.

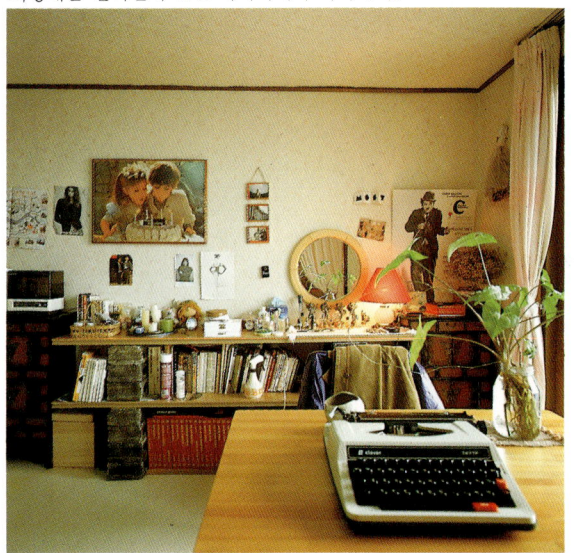

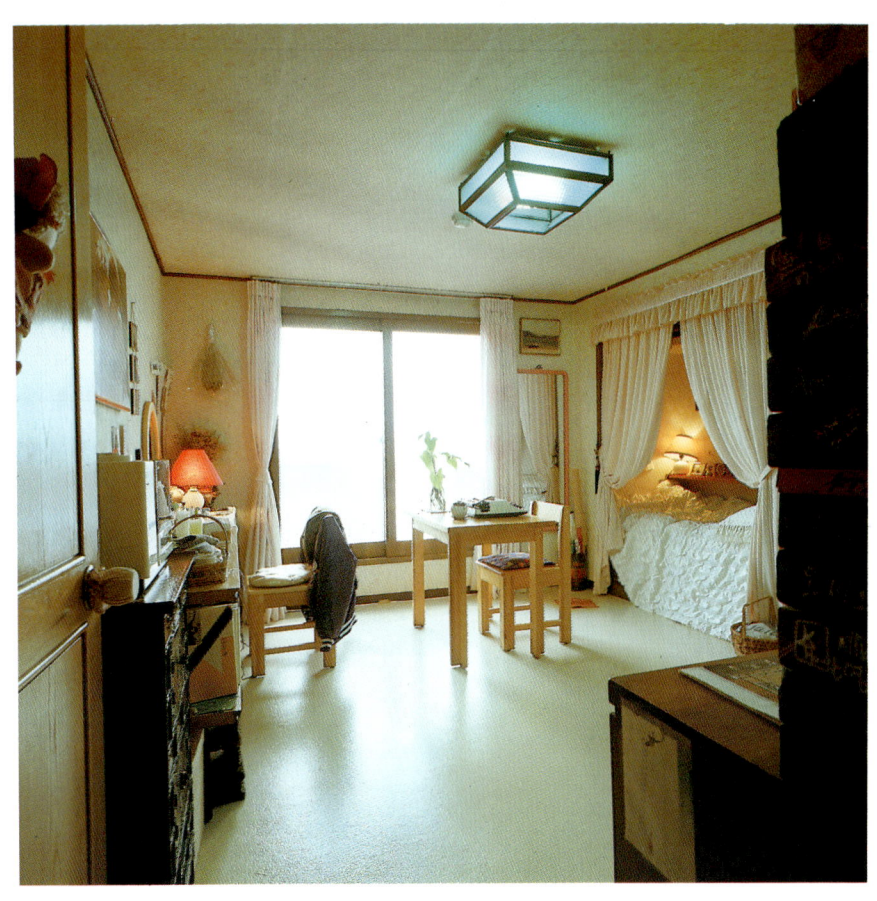

방문 쪽에서 들여다본 모습. "커튼을 드리우고 자는 맛이 그렇게 포근할 수가 없다" 는 "붙박이 침대"는 벽장의 문을 떼어내고 그 안의 서랍 위에 판자와 요를 깔아 만든 것이다.

"경제적 능력의 차이를 떠나, 모든 것을 돈으로 너무 쉽게 해결해 버리는 풍조가 늘 못마땅합니다. 도대체 정이 안 가요. 손수 만들거나 하다 못해 재료라도 스스로 고르는 만큼의 수고는 해서 얻어지는 것이어야 애착이 가지 않겠어요? 아이디어로 만들어진 내 것이라는 데에 뜻이 있지, 돈만 있으면 누구라도 똑같이 해놓을 수 있대서야 얼마나 싱겁고 무의미합니까? 저의 집에 있는 가구나 장식품들은 많지도 않지만 모두가 오래되고 손때 묻은 것들이지요. 함께 있어 편한 물건들뿐입니다. 유행따라 빈틈없이 잘 꾸며 놓은 집에 가면 공연히 어색하고, 더러는 집의 눈치를 봐야 될 듯한 느낌마저 들어요." 가정 부인으로서의 윤소정 씨의 말이다.

오지혜 씨의 방을 꾸미는 데에도 윤소정 씨의 "알뜰한 창조력"이 충분히 발휘되었다. 우선 침대를 따로 들여 놓는 대신에 꽤 폭이 넓은 붙박이장의 문짝을 떼어내고, 서랍 위에 판자와 요를 깔아 "붙박이 침대"를 만들었다. "방문 하나만 열면 이내 거실이요 식당인데, 다 큰 처녀의 잠자리가 훤히 들여다보여서야 쓰겠느냐"는 남들의 얘기도 있고 해서 이 "붙박이 침대"에 커튼을 치기로 했다.

"밤에 커튼을 드리우고 이 벽장 안의 침대에서 자는 맛이 그렇게 포근할 수가 없어요. 침실 속의 침실이랄까, 제 방안의 또 하나의 작은 공간이지요."

공사판에서 쓰다 남은 시멘트 블록을 얻어다가 쌓고 그 위에 붙박이장에서 떼어낸 문짝을 새로 칠하여 올려 놓아 책장도 되고 화장대도 되는 선반으로 쓰고 있다. 책상은 이십년쯤 전에 짠 것인데 대를 물리며 써온 것이라 유난히 정이 많이 간다. 서랍이 넉넉하여 옷장 노릇도 겸해 준다. 책상 위의 책꽂이는, 윤소정 씨의 친구가 쓸모없게 되었다며 버리려는 선반을 가져다가 스티커 식의 도배지를 색색으로 붙이고, 벽돌을 쌓아 올려 만든 받침 위에 올려 놓아 만든 것이다. "이동식으로, 가능하면 경제적으로 손수 만들자"는 것이 윤소정

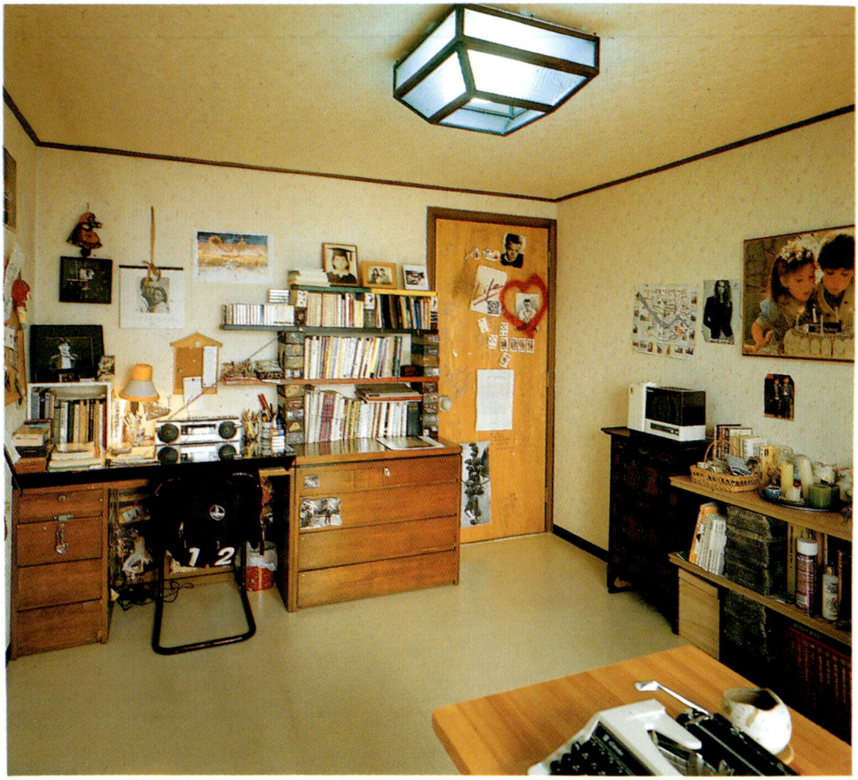

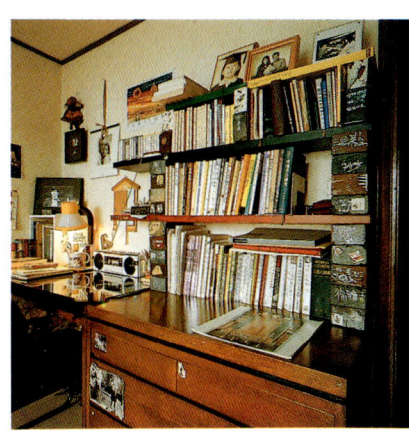

서랍이 넉넉하여 옷장 노릇도 겸하는 책상은 이십년 쯤 전에 짜서 대를 물리며 써온 것이다. 이 방의 가구들은 이처럼 손때가 묻었거나 폐품으로 만들었 거나 해서 더 정이 가는 것들이 많다.(위)

"알뜰한 창조력"이 발휘된 작품 또 하나인 책꽂이. 친구한테서 얻어 온 선반에 스티커 식의 도배지를 색색으로 발라 그것을 쌓아 올린 벽돌 위에 얹어 만든 "이동식 가구"이다.(왼쪽)

씨의 기본 아이디어다.

오지혜 씨가 가끔 티 테이블로 즐겨 쓰는 자그마한 타자기용 책상과 의자 세트는 백화점에서는 십오만원을 달라는 것으로 "알뜰한 어머니께서" 을지로의 도매상가를 뒤져 그 반값에 사온 것이다.

방의 기본 틀과 세간은 어머니의 아이디어에서 나왔지만 결국 방 주인의 자질구레한 손길로 꾸며졌다.

중앙 대학교 연극영화과에 다니는 오지혜 씨는 연극이 종합 예술인 만큼 취미 분야도 다양하다고 말한다. "제 방의 벽을 채우고 있는 사진과 글귀의 소재의 다양성이 그걸 나타내겠지요. 이 사진과 글귀, 그림 들을 붙이다 보니 장식품처럼 되어 버렸지만 사실은 마음에 드는 것을 일일이 꺼내서 펼쳐 보기도 귀찮고 하여 하나 둘 뜯어 붙인 것이 이렇게 되었지요."

가수 양희은 씨를 무척 좋아하는 그는 언젠가 혼인을 하게 되면 그를 주례로 모실 참이다.

박기옥 씨 집의 막내아들 방

종로구 홍지동에 있는 박기옥 씨의 삼층 양옥은 일층이 부엌과 식당, 이층이 부부가 쓰는 공간, 삼층이 네 형제 곧 딸 셋과 아들 하나의 공간으로 꾸며져 있다.

삼층에는, 층계에서 올라오는 쪽 곧 북쪽에 둘째딸과 셋째딸이 함께 쓰는 방과 이집의 막내이자 외아들이 쓰는 방이 나란히 붙어

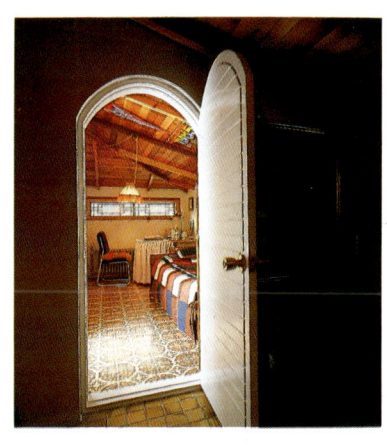

삼층에서 가장 구석에 자리잡고 있는 구석방. 위로 누나 셋이 이 방을 거쳐 갔고, 지금은 이 집의 외아들이자 막내가 주인이다.

있다. 거기서 복도를 따라 들어가면, 곧 남쪽에 널찍한 거실이 트이는데, 거실 서쪽 벽 구석에 동생들의 두 방과 뚝 떨어져 맏딸이 쓰는 방이 딸려 있다.

천장이 가운데가 높고 양끝이 낮은 맞배 지붕 바로 밑이라 삼층 방들은 창문들의 위치가 낮고, 언저리의 방들도 키가 큰 이는 고개를 수그리고 들어갈 만큼 작다. 그래서 마치 다락방처럼 친근하고 아늑한 분위기를 자아낸다.

거실은 서쪽에 벽난로를 만들고 그 언저리에 헌 붉은 벽돌로 천장까지 높게 쌓아 올린 중간벽에 있는 방이다. 그 중간벽과 동쪽에 또 하나 있는 중간벽은 거실의 표정을 풍부하게 해줄 뿐만이 아니라 그 뒤켠의 빈 공간이 창고처럼 쓰여서 아주 기능적인 역할을 하기도 한다. 천장에는 벽과 벽을 가로 지르는, 나무에 옹이와 결이 그대로 살아 있는 굵고 투박한 대들보가 걸려 있다. 바닥에는 요즈음 흔한 카펫 대신에 짚으로 엮은 누런 빛깔의 촉감이 깔깔한 멍석이 깔려 있다.

세간살이는 의자 몇을 빼면 허름한 조선 시대의 농 하나와 스무해 전에 산 낡아빠진 피아노 한대쯤이 고작이지만 벽과 대들보와 벽 구석구석에는 이 공간의 임자들이 그린 그림들과 야문 손끝으로 만든 자잘한 물건들이 가득 붙거나 놓여 있다. 말끔하고 반듯하게 꾸민 아래층에 견주어 덜 정리되어 있는 듯하지만 학생들이 사는 공간답게 활달하고 자연스럽다.

이 삼층 거실의 자랑은 옛것의 아름다움과 미덕이 현대적인 것들과 사이좋게 버무려져 있다는 것이다. 특히 옛 한옥의 여닫이문을 옮겨 단 맏딸의 방문—둘째딸과 셋째딸이 함께 쓰는 방의 문도 완자무늬의 네짝 한옥문이다.—과 그 문과 마주보고 서 있는 동쪽 중간벽에 한옥의 다락 방문을 그대로 옮겨 놓은 모습이 썩 인상적이다. 이 문들은 집을 짓기 전부터 박기옥 씨가 모아 놓았던 것으로 집을 지을 때에 이 문에 맞추어 집을 지었다고 한다. 옛 물건에 대해 열성스러워 아주 젊었을 때부터 옛 물건 파는 가게로 "놀러 가길 좋아했던" 그는 그런 것을 그냥 놓고 보는 쪽이 아니라 이렇게 생활에서 쓰는 이이다.

네 평 남짓한 공부방은 경사진 천장이 야트막하고 출입문과 창문들도 모두 키가 작고 조그마한 데다가 그 차림도 학생의 방답게 검약스러워 마치 다락방처럼 은밀하고 소박한 분위기를 풍긴다.

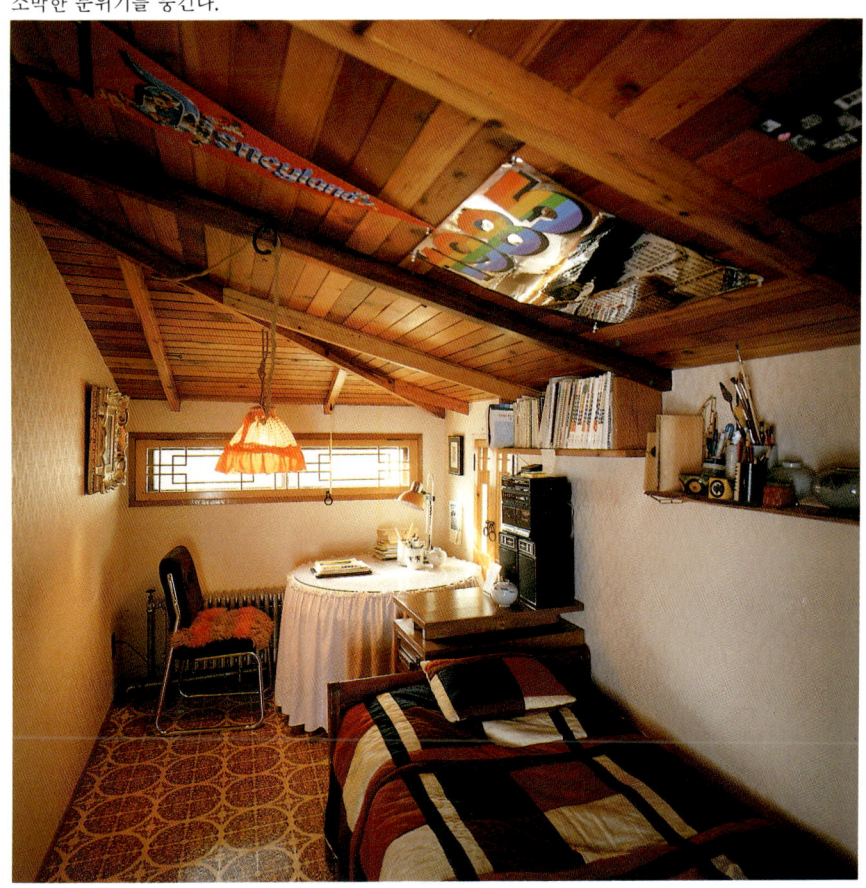

층계 바로 옆의 하얀 문에서 들어가는 방은 삼층에서 구석배기에 자리잡고 있어 가장 한갓지고 조용하니 공부방으로 아주 제격이다. 박기옥 씨에 따르면 세 딸이 위로부터 차례로 그 방을 거쳐 갔다 하며, 지금의 임자는 막내아들이다.

　작고 아담한 이 방은 네평쯤 된다. 나무로 된 천장이 경사를 이루었다. 동쪽 벽에는 낮고 기름한 창문이 나 있고, 누나들이 쓰는 방으로 통하는 문이 한쪽에 달려 있다. 특히 북쪽 벽 구석에 달린 작고 세로가 기름한, 창호지를 바른 한식 여닫이창이 썩 마음을 끈다. 그 창을 열면 뒷산의 바위와 숲들이 보인다. 조그마한 창문 하나가 거기 달림으로 말미암아 방의 분위기가 이처럼 흐뭇해지는 까닭이 무얼까? 어떤 이는 창을 내기 위해서 집을 짓고 싶다고 했고, 어떤 이는 창은 집의 눈이라고 했다.

이 나라의 여느 학생들과 마찬가지로 메마른 무슨 무슨 문제집, 참고서들만이 책 선반을 가득 채우고 있다.

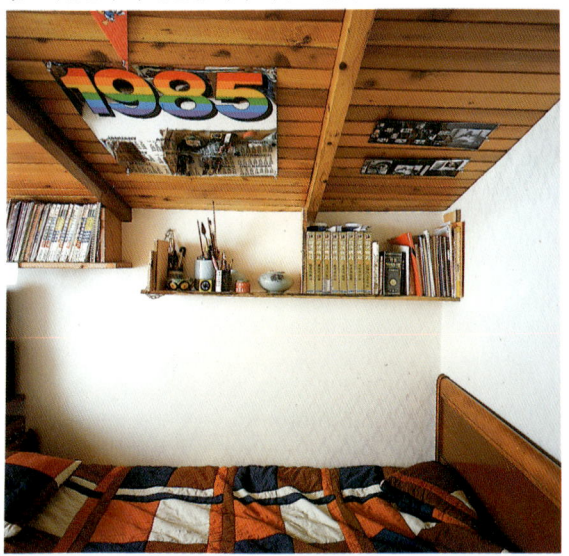

가구는 편리하고 오래 쓸 수 있도록 궁리해서 맞추었는데 모두가 조립식이다. 책상은
아이들이 공부나 그림을 그릴 때 어머니가 옆에 앉아 도와 주기에 편리하도록 한쪽
끝을 둥그렇게 굴렸다.

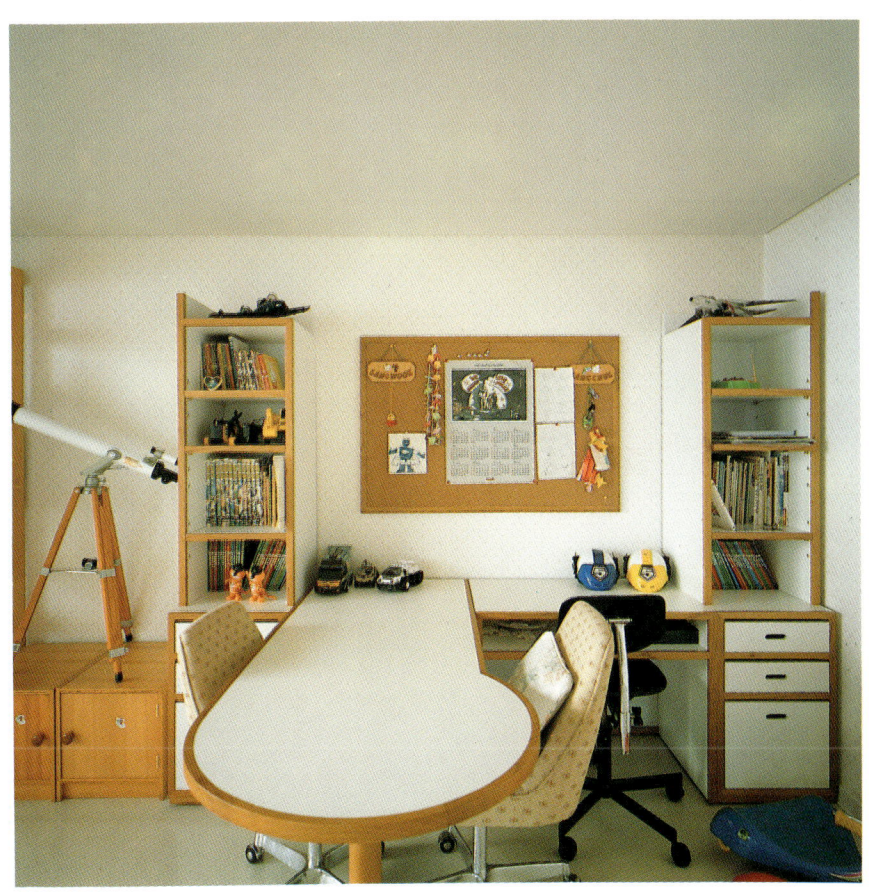

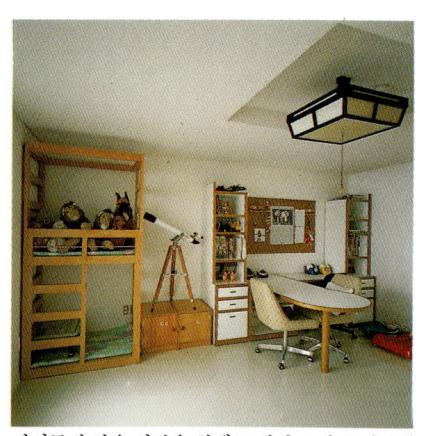
아이들과 많은 시간을 함께 보내려고 안방 자리에
쾌적한 아이들 방을 꾸며 주었다.

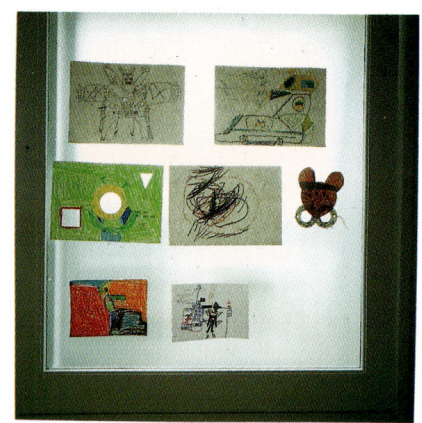
유리창에 붙인 상철이와 상욱이의 그림. 이따금씩
아이들이 그림도 붙였다 떼었다 하며 알아서 한다.

아이들의 방을 장식한답시고 정작 아이들의 처지나 아이들의
마음에는 아랑곳없이 어른들의 눈에 보기 좋고 어른들만의 취미나
주장으로 일관해 버리는 보기가 허다하다. 젖먹이라면 몰라도, 얼마
쯤 자기 주장을 표현할 줄 알게 된 아이들의 방은 그 나름대로 아이
들이 손수 꾸미게 하는 것이 의미가 있다고 늘 생각을 해온 상철이
어머니는 아이들에게 자기들이 유치원이나 집에서 그린 그림들
가운데에서 마음에 드는 것을 골라 스스로 유리창에 붙이도록 했
다. 그 뒤로 아이들은 "우리 방은 우리가 꾸미고 우리가 치운다"라
는 생각이 조금씩 굳어져 가는 듯하다. 방을 새로 꾸며 준 뒤로는
제법 정돈도 할 줄 알고 이따금씩 그림도 붙였다 떼었다 하며 벌써
부터 "알아서 하기" 시작했다.

최유경 아기의 **방**

어머니와 아버지와 유경이 이렇게 세 식구가 사는 유경이네 집은 서울 강동구에 있는 스물일곱평짜리 아파트이다. 남쪽 테라스 쪽에 독립된 거실이 있는 방 두개짜리 아파트인데, 유경이의 방은 현관 바로 옆에 있다. 제 방 문지방에 그 큰눈을 할기시 뜨고 있는 모습이 제 허락없이는 방을 안 보여 줄 눈치였다. 어머니가 부드럽고 정중하게 청을 하니 그제야 슬쩍 길을 터 주었다.

"얘가, 이게 제 방이다 하는 의식이 있어요" 하고 어머니가 귀띔을 해준다.

네평 남짓한 유경이의 방은 창문이 서향이어서 여름철 오후가 아니면 햇빛이 모자란다. 아파트라는 것이 틀에 맞추어 대량 생산해 놓은 공간이니 누굴 탓하기도 싱거운 노릇이다. 한쪽 구석에 침대가 놓였고, 맞은편에 몸매가 홀쭉한 책장과 옷장이 붙어 섰으며, 방 한가운데에는 할머니가 손수 지어 주신 넓고 둥근 방석을 깔고 위에 책장을 놓았다. 이 방 주인의 몸집에 비해서 침대가 니무 크다. 몸에 맞는 것만 사다가는 금세 못쓰게 될 것 같아서, 아예 초등학교 육학년 때까지 사용할 수 있는 큼지막한 걸로 장만한 것이다. 세살박이 아이의 방답게 인형과 장난감들로 가득하다. 침대 옆에 그동안 선물로 받은 물건들이 가득 쟁여져 있는 것말고도 벽 여기저기와 문고리, 옷장 손잡이부터 창문턱에까지 크고 작은 인형들이 수두룩하게 매달려 있다. 젊은 어머니와 아버지의 정성이야 말할 것도 없겠지만, 가문에 처음 생긴 친손녀, 친조카에게 다른 식구들이 듬뿍 쏟은 정이 엿보인다.

　침대 옆의 벽에 발을 드리우고 인형과 오린 색종이나 피아노 가방을 붙여 꾸민 모습이 눈에 띈다. 여기에 붙은 물건들이 흔히 보는 것들이긴 하지만 하나하나가 "조그마한 역사"를 간직하고 있어서 재미있고, 비싼 것, 완전한 것만 좇지 않고 소박하나마 생각과 정성이 담긴 꾸밈이 흐뭇한 느낌을 준다. 그 오른쪽의 달력에서 뜯어다 붙인 그림들도 그러하거니와, 그 옆벽의 붙박이장 문에 붙여 놓은 백설 공주와 일곱 난장이 그림도 유경이가 고집을 부려서 꾸며 놓은 것이다. 아버지가 백설 공주 얘기를 들려 주었는데, 어느날 길거리를 지나가다 그 그림을 발견하고는 장승처럼 버티고 서서는 사내라고 떼를 쓰더라는 것이다. 그러나 이 방이 아직 눈빛이 맑은 세살박이 아이의 방이라는 것을 명토박아 주는 것은 이제 말한 그런 물건들보다는 천장에서 줄을 드리워 달아맨 하얀 플라스틱으로 만든 작고 귀여운 고양이 모빌 네 마리이다.

　유경이의 방이 좀 덜 정돈되어 있어 보이는 게 사실이다. 아이들이 흔히 삼원색과 울긋불긋 무늬에 애착을 쉽게 느끼긴 하지만 방 전체의 분위기는 좀더 차분하고 덜 튀게 정리를 해주었으면 하는 점이 아쉽다.

　방과 방에 있는 제 물건들에 대한 유경이의 주인 의식은 강하다. 겨울이나 날씨가 추울 때는 엄마, 아빠와 함께 자지만 낮잠을 거기서 자는 것은 말할 것도 없고 밤에도 "난 잘래. 불 꺼, 불 꺼" 하며 그 방에서 혼자 곧잘 자고 밥도 제 책상 위에 차려 놓고 먹는다.

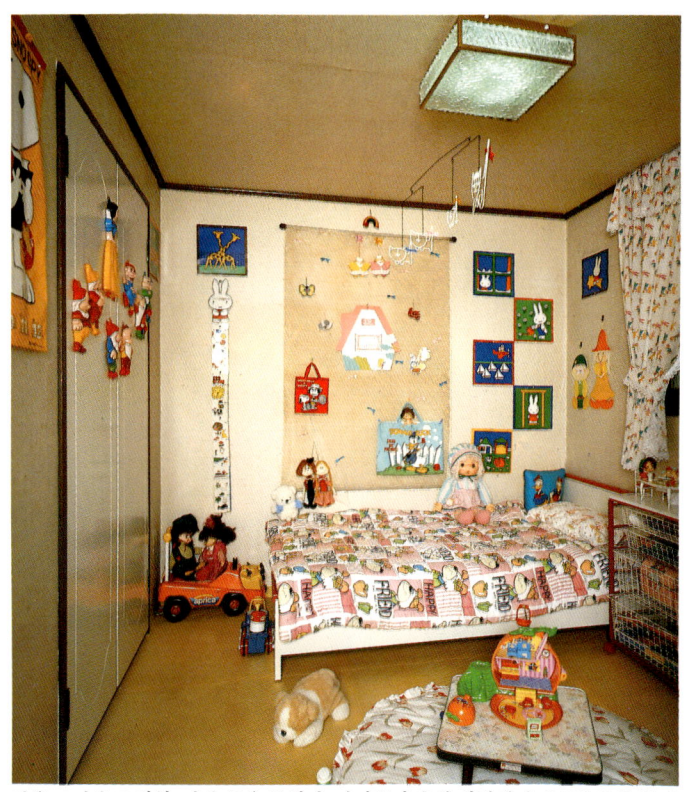

발을 드리우고 인형, 가방 들을 붙였다. 아이들이 흔히 삼원색과 울긋불긋한 무늬에 애착을 쉽게 느끼긴 하지만 방 자체의 분위기가 좀더 차분하고 덜 튀게 정리해 주었으면 하는 아쉬움이 남아 있다.

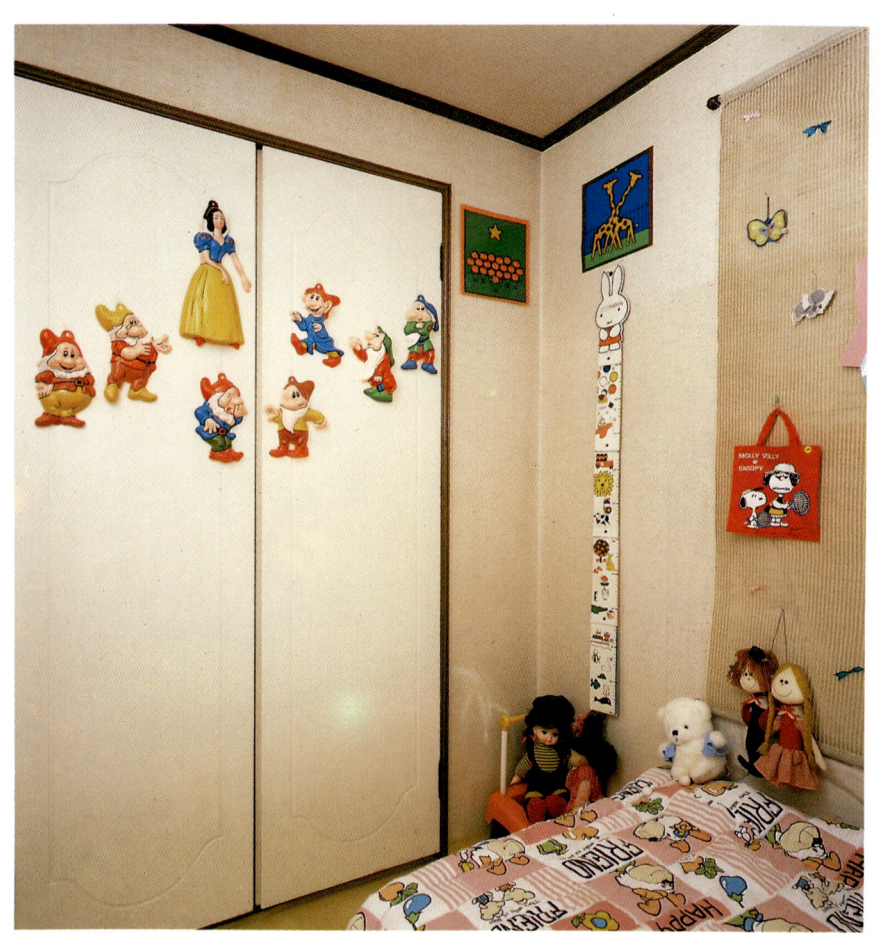

어느날 아버지가 들려 준 백설 공주 애기를 듣고 길거리를 지나다가 그 그림을 발견
하고는 사달라고 떼를 써서 사들인 백설 공주와 일곱 난장이 그림이 붙박이장에 붙어
있다.

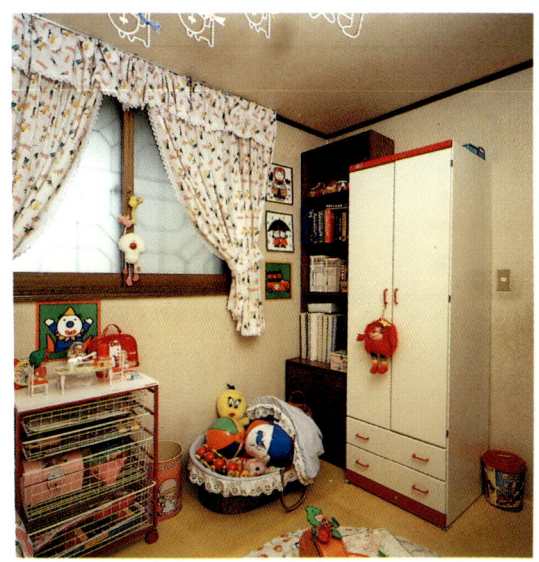

이 방이 아직 눈빛이 맑은 세살박이 아이의 방이라는 것을 명토박아 주는 것은 천장에서 줄을 드리워 달아맨 하얀 플라스틱으로 만든 작고 귀여운 고양이 모빌 네 마리이다.

유경이는 예쁘고 귀티나는 인형도 많건만, "복동이"란 인형을 가장 좋아한다. 할아버지가 백화점에서 바겐세일할 때에 사 오신 모자를 쓴 사내 인형인데, 팔이 빠진 데다가, 제가 목욕할 때에 꼭 함께 해서 아주 탈수가 되고 헐어 빠진 모습인데도, 잘 때는 요즈음도 꼭 곁에 끼고 잔다. 잘 먹고—"특히 잔치집에 못 데리고 갈 만큼 고기를 밝힌다."—순하고, 떼부리지 않는 순둥이지만, 엄마가 같이 놀아 주지 않으면 "시위"를 할 줄도 안다. 그 시위 방법이 색연필로 벽이나 방바닥에 금을 긋거나 단단히 틀어지면 심지어 오줌을 싸버리는 것이다. 애들을 통제하는 지혜가 부족한 요즘 어머니들과는 달리 유경이 어머니는 상벌이 분명하다. 벌의 경중은 "맴매" 한대에서 다섯대까지이나. 제가 잘못한 일이면 울지 않고 순순히 벌을 받는단다. 그걸 보고 유경이 어머니는 어린아이들도 "생각할 줄을 안다"는 사실을 깨달았다고 한다.

한별이와 현정이의 방

　지금의 잠실의 새 아파트로 이사 오자 한별이 어머니와 아버지의 큰 관심사는 어떻게 하면 한별이와 현정이 남매에게 편리하고 이상적인 주거 환경을 마련해 주느냐는 것이었다. 흙과 친해질 수 없는 아파트의 치명적인 단점을 가리고, 주어진 공간 안에서 아이들의 몸과 마음이 자유롭게 자랄 수 있도록 바람직한 환경을 만드는 것은 그리 쉽지 않았다.

　한별이 부모는 우선 네방에서 두방을 한별이와 현정이한테 내주기로 했다. 그 나머지 한방은 내외의 침실로, 작은 방 하나는 창고로 쓰고 있으니 얼마만큼 아이들 위주로 집을 분배했나 짐작이 간다. 비록 성별의 차이는 있지만 아직은 한별이가 여섯살, 현정이가 세살로 구태여 제각기 방을 따로 쓰게 할 필요는 없는 듯해 나중에 따로 나누어 주기로 하고 지금은 한방은 두 아이의 침실로, 또 한방은 놀이방으로 쓰고 있다.

　침실의 세간은 침대와 옷장이 전부인데 현정이는 아직 오빠가 쓰던 아기용 침대를 쓰고 있다. 한별이 침대를 마련하면서 뒤에 현정이와 함께 쓰도록 아예 이층 침대를 구입했다. 한별이네 집이 아이들이 놀기에 좋다 보니 당연히 어린 손님들로 늘 붐비고 사촌이나 친구들 중에는 아예 자고 가는 아이들도 더러 있어, 현정이 몫의 침대는 벌써 여러 언니, 오빠들이 신세를 지고 갔다.

　침실의 치장은 잠자는 방인 만큼 눈에 부담을 주거나 산만하지 않고, 안정되고 포근한 분위기가 되도록 신경을 썼다. 벽과 천장을 상아색으로 통일하되 단조로움과 썰렁함을 없애기 위해 천장과 한쪽 벽만은 상아색 바탕에 작은 별무늬가 들어 있는 벽지를 발라 변화를 줌과 아울러 아이들 방다운 느낌이 나도록 했다. 무늬가 들어 있는 벽지가 비싸기 때문이었는지 도배를 맡은 분은 천장과 벽을 모두 별무늬 벽지로 바를 것을 권했지만 한별이 어머니의 고집대로 천장과 한 벽만으로 줄인 것이 어지럽지 않으면서도 적당히 변화를 주어 퍽 다행스럽다. 바닥은 행여나 아이가 침대에서 떨어지더라도 덜 위험하고 장난감 같은 것이 떨어져도 소리가 덜 나도록 연한 회색 카펫을 깔았다.

한별이와 현정이 오누이의 침실은 "조용히 자는 방"이니 장난감은 되도록 들여 놓지 말자고 엄마와 약속이 되어 있어서 방이 말끔하다.

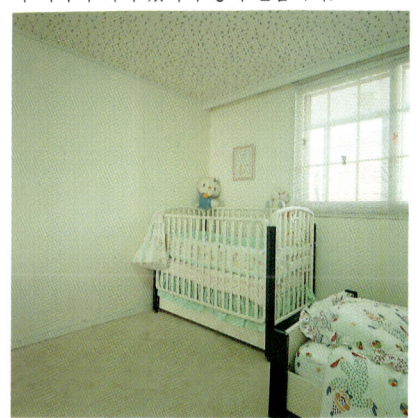

침실의 치장은 안정되고 포근한 분위기가 되도록 신경을 썼다. 벽과 천장은 상아색으로 통일하되 천장과 한쪽 벽은 별무늬가 있는 벽지를 발랐다.

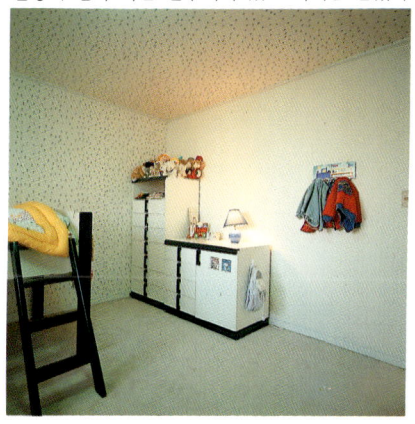

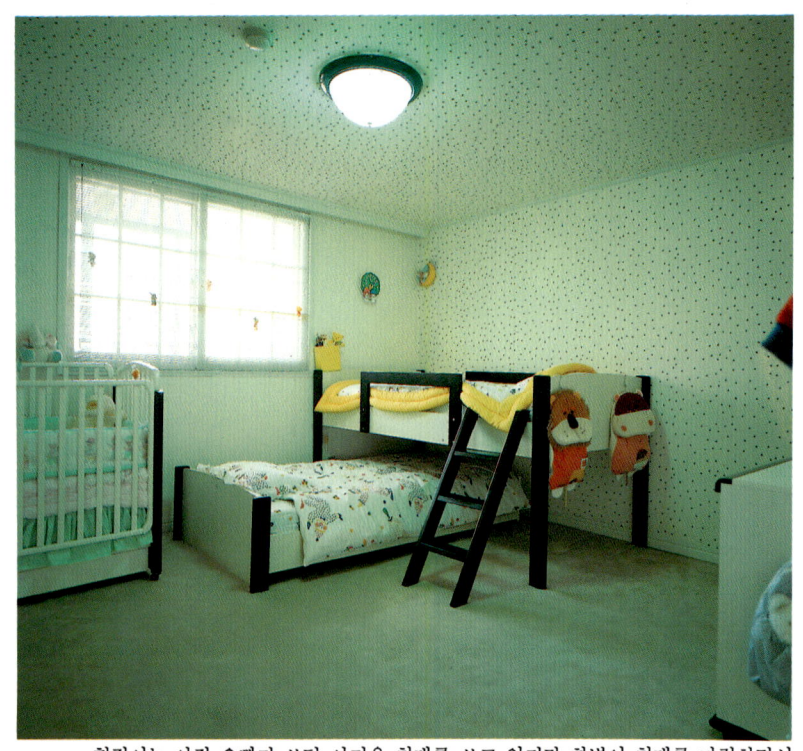

현정이는 아직 오빠가 쓰던 아기용 침대를 쓰고 있지만 한별이 침대를 마련하면서
뒤에 현정이와 함께 쓰도록 아예 이층 침대를 구입했다.

놀이방은 말 그대로 오로지 놀기에 편하도록 바닥은 비닐을 깔고
거추장스럽고 위험하기만 한 가구는 하나도 들여 놓질 않았다. 본디
거실에 놓여 있던 장식장을 떼어다가 흰색으로 페인트칠만 다시
하여 장난감장으로 쓰고, 동네 가구점에서 "싸구려" 책장을 사다가
장난감을 대강 정리해 놓았다. 하루에도 몇번씩이나 내렸다 올렸다
하는 것을 생각하면 정리고 뭐고 할 것 없이 마음 같아선 그저 큼직
한 상자에 주워담아 놓고 싶지만 아이들에게 제 물건을 정리하는
습관도 길러 주고 놀기에도 편리하도록, 진열할 공간을 마련해 주었

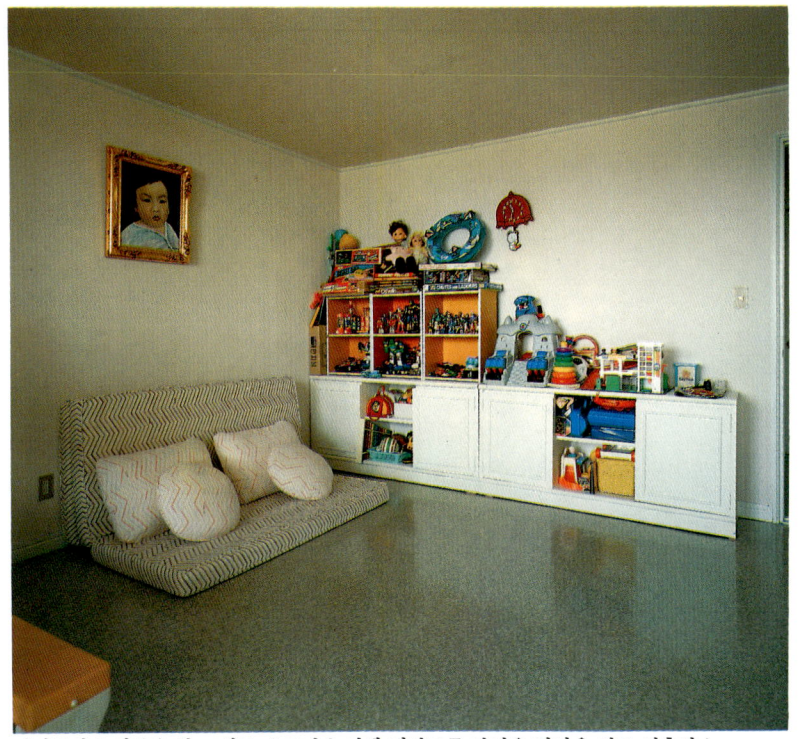

아이들의 놀이방은 말 그대로 오로지 놀기에 편하도록 바닥은 비닐을 깔고 거추장스
럽고 위험하기만한 가구는 하나도 들여 놓질 않았다.

다.

　놀이방은 사실 식구들의 거실이나 다름없다. 텔레비전을 놓고
한쪽에 매트리스 겸 쿠션 식의 의자와 방석을 놓아 그야말로 온식구
가 편안히 "뭉개는 방"이 되어 버렸다. 아이들이 아직 어려서인지
정작 응접 세트를 갖추어 놓은 거실은 손님용의 응접실이 되어 버렸
다. 식구들의 거실인 놀이방은 편하고 "뭉개기"에는 좋을지 몰라도
막상 편안히 차라도 한잔 마시고 책이라도 좀 읽으려면 좀 어수선한
것이 사실이었다.

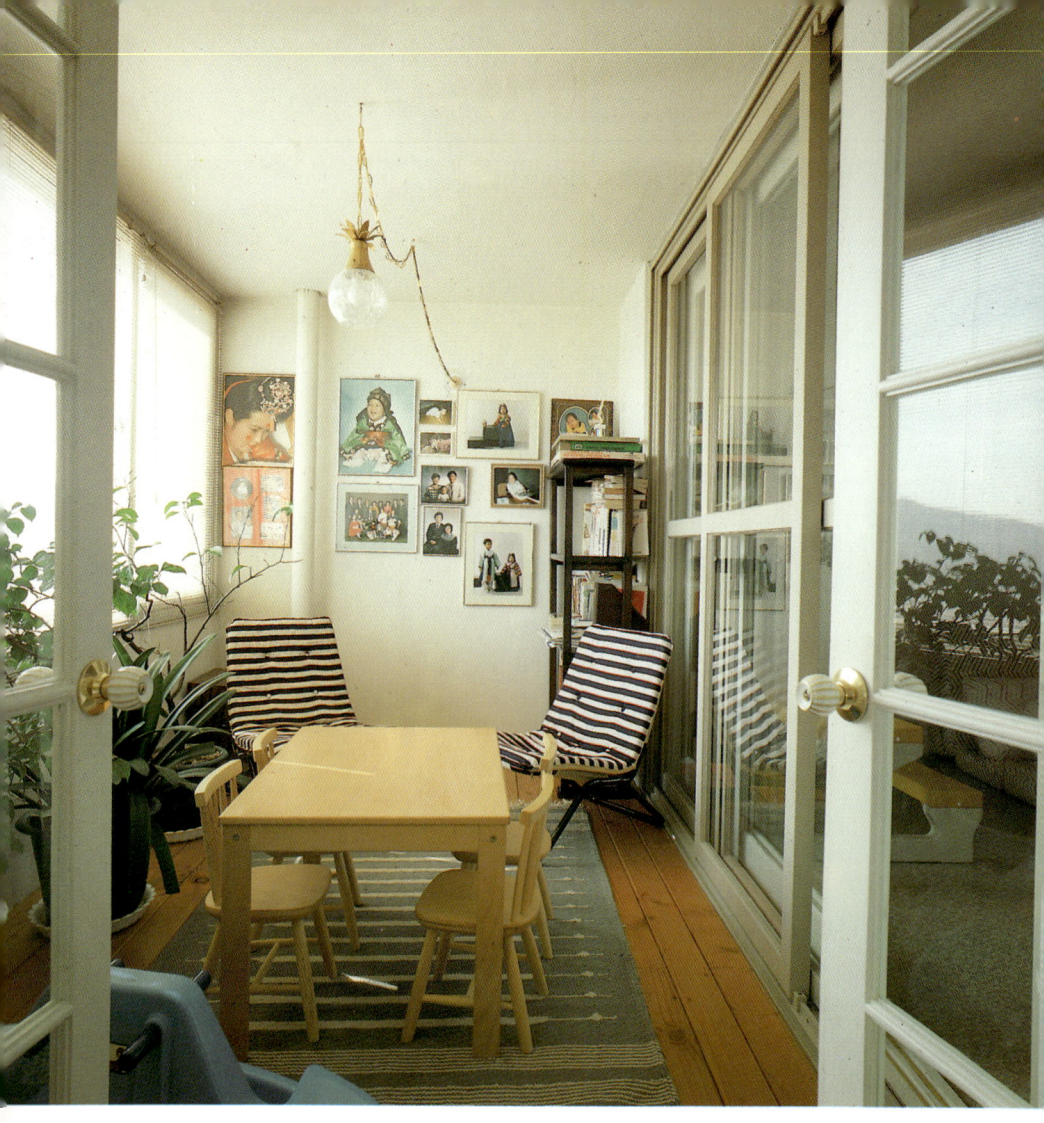

베란다를 개조하여 만든 가족용 "미니 거실"이다. 타일 바닥이었던 것을 마루로 바꾸
고 조그만 카펫을 깔고, 내외용의 안락 의자를 두개 놓고, 아이들과 어른들이 함께
쓸 수 있도록 나지막한 테이블과 의자를 들여 놓았다.

주영이와 재영이의 방

주영이와 재영이 남매의 집은 성북동의 산마루턱에 있다. 큰길에서 떨어져 좀 외진 곳이라 지나다니는 차 소리조차 거의 듣기 힘들 만큼 조용하다. 어떨 때는 소리가 그리울 만큼 고요하여 도리어 귀가 멍해지는 듯한 느낌이 들기도 하지만 그것도 잠깐이고 주영이와 재영이 덕분에 집안이 늘 시끌시끌하다.

지난해 여름 이 집으로 이사 오기 전에 주영이네는 강남의 한 아파트에 살았다. 생활의 편리함이나 그야말로 학군 따위를 생각하자면 그보다 더 좋은 곳은 없었다. 요즈음 모든 것이 강남으로 옮겨 가는 실정에 흐름을 거슬러 성북동의 "산속"으로 이사를 가기로 결정하는 것이 쉬운 일은 아니었다. 재정적인 문제는 제쳐 놓고라도, 편리함과 환경이라는 두 가지 사항에서 과연 어느 쪽이 더 중요한가 하는 문제로 고심했지만 마침내 생활의 바탕을 이루는 정서적인 환경이 우선되어야 할 듯하여 결론을 내리게 되었다.

아이들을 위해 이사를 온 만큼 집을 꾸미는 데서도 자연히 아이들 위주가 되었다. 주영이는 올해 초등학교에 들어가지만 아직 세살인 재영이에게는 집안 전체가 놀이터다. 모서리가 날카로운 가구는

일체 없애고 위험스런 장식품도 모두 치워 버렸다. 최소한의 가구만
남기고는 나머지 공간은 아이들의 운동장이다. 그래서 그런지 집안
전체의 인상은 무척 간결하고 시원스럽다. 사실 집의 구조도 매우
단순하다. 아래층에는 거실, 화장실, 식당과 부엌 그리고 작은 방
하나가 있는데 이 방도 아이들의 놀이방 겸 가족실로 쓰고 있다.
이층에는 부부가 침실로 쓰고 있는 안방과 욕실, 그리고 욕실 또
하나를 사이에 두고 주영이와 재영이의 방이 통해 있다.

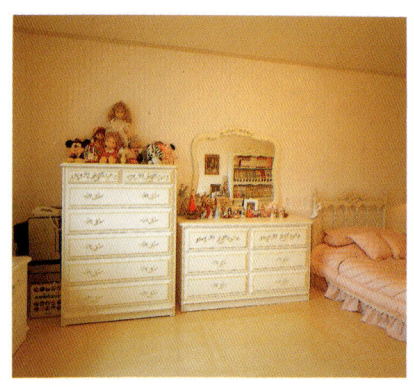

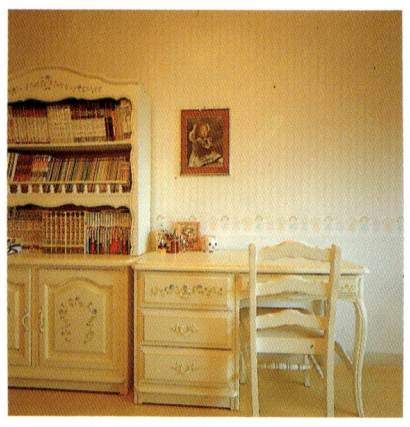

아이들용 가구여서인지 경대와 서랍장
맨 위칸에는 귀여운 무늬가 그려져 있다.
빛깔이나 모양이 깨끗하고 단순하며 무엇
보다 모서리가 나지 않고 둥글게 처리되어
있다.(위)

주영이는 곧 초등학교에 들어갈 터여서
책상과 책장을 맞춰 주었다.(왼쪽)

주영이의 방. 활짝 트인 창으로 햇빛이
담뿍 들어와 방 전체의 분위기가 포근하고
아늑하다. 벽지가 아이 방답게 무늬와 빛깔
이 귀엽다. 특히 아이 눈 높이께에 귀여운
인형이 그려져 있는 것이 독특하다.(오른
쪽)

학자 김준엽 씨의 서재

고려 대학교 총장을 지낸 김준엽 씨는 스무해 살던 집을 헐고 그 자리에 새 집을 지었다. 지을 때에 서재만큼은 그가 고집을 부려서 크게 했으니 이 집에는 서재보다 큰 방이 없다. 거실에서 층층대를 올라가 오른켠에 있는 문을 열면 열세평 넓이의 기역자 꼴 서재가 나온다. 동남쪽 벽에는 햇살을 마음껏 받아들이도록—이것이 이 방의 가장 큰 자랑이다.—유리 창문 세짝을 여닫이로 크게 냈다. 창문은 그쪽과 동북쪽 곧 문 맞은편의 낮은 서가 위에만 있으니 그 나머지 벽들은 책을 촘촘히 꽂은 서가로 온통 둘러싸여 있다.

방의 크기에 견주어 들여 놓은 세간은 아주 간소하다. 창문 앞에 놓인 긴 책상과 맞은편 서가 앞에 있는 탁자와 그에 곁들인 작은 소파 둘이 전부이다. 양끝을 경사지게 한 나무 천장과 붙박이 조명 시설물이 수많은 책의 권위에 눌려 자칫 딱딱해지기 쉬운 이 서재의 분위기를 그런대로 아늑하고 부드럽게 해준다.

창문 앞에 길게 놓인 진한 커피색의 책상은 위에서 보아 가운데가 좀 꺾여 방 중심 쪽으로 옥아 있다. 책상의 오른켠에는 난초, 문주란, 동백, 단풍, 키 큰 아열대산 종려죽 같은 식물들이 화분에 담겨 어우러져 있어서 햇살이 좋을 때에는 마치 온실 속에라도 들어온 느낌을 준다.

책상에 앉아서 책을 읽거나 원고를 쓰다가 지치면 이 방의 주인은 소파로 건너와서는 좀더 느긋하고 편안한 자세로 앉는다. 어떤 때는 훌쩍 눕거나 엎드리고 싶을 적도 있다. 그래서 탁자와 서가 사이에 다 매트리스를 깔고 그 위에 얇고 부드러운 이부자리를 펴놓았으니 한가할 때에 거기서 낮잠을 잠깐 즐기기도 한다.

이렇게 그에게는 서재가 편해야 한다. 탁자 위에 커다란 벼루와 무릎연적과 붓을 담는 붓통이 놓여 있다. 주인이 없을 때에 그의 부인이 가끔씩 들어와서 글씨를 쓴다고 한다.

이 서재의 주인은 커다란 창문 밖으로 멀리 내다보이는 한옥 기와 지붕들을 늘 흐뭇한 마음으로 바라본다. 특히 눈이 내려 그 위에 쌓인 모습은 그렇게 멋스러울 수가 없다고 한다. 그러나 워낙 가볍게 허물고 짓는 세상이니 그 지붕들이 언제 사라지지나 않을까 슬며시 걱정이 되기도 한다.

김준엽 씨는 천구백이십년에 그러니까 나라를 빼앗긴 시대에 태어났으며 그래서 제 나라의 역사를 배워야 하겠다고 다짐했다. 그가 중국 역사를 전공한 것도 제 나라 역사를 아는 데는 중국을 제대로 아는 일이 중요하다고 여겼기 때문이었다. 대학교에서도 그쪽의 강의를 많이 했지만, 무엇보다도 그의 학문의 업적은 공산주의에 관한 분야에서 이루어졌으니, 그의 방대한 저작인 「한국 공산주의 운동사」는 손꼽히는 명저로 알려져 있다. 그래서 그런지 그의 서재에 빡빡하게 들어찬 책들은 거의가 그의 전공에 관련된 것들이다. 이를테면, 이쪽에는 북한과 중국 관계 자료들, 저쪽에는 공산주의, 그 옆에는 구한말 외교 관계 자료들이 있고 하는 식이다. 그리하여 그가 가장 아끼는 책으로 일본 검찰청의 지하 운동 자료나 심문 조서 같은 것들이 있다. 그런 점에서 이 서재가 좀 단조롭다고 여길

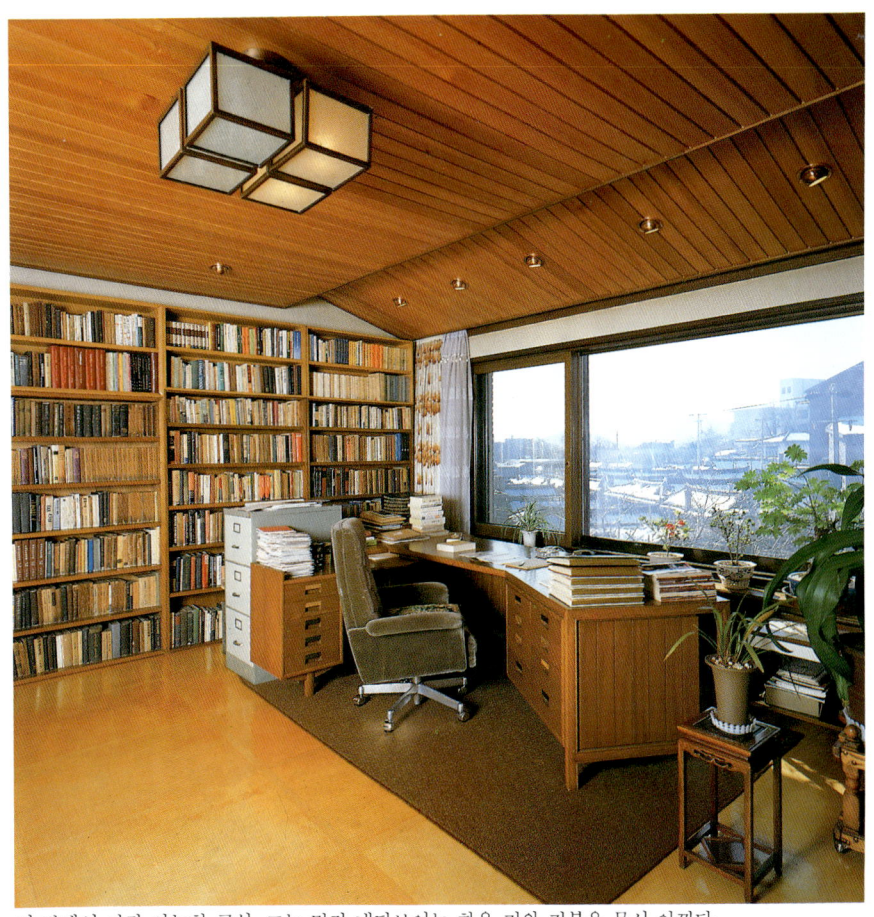

이 방에서 가장 아늑한 구석. 그는 멀리 내다보이는 한옥 기와 지붕을 몹시 아낀다.
특히 그 위에 눈이 쌓여 덮이면 그 차분한 맵시가 그렇게 흐뭇할 수 없다고 한다.

사람도 없지는 않을 것이다. 다만 젊었을 때에는 세계 문학 전집
따위를 독파하며 소설을 써 볼 생각에 부풀어 본 적도 있었다고
한다. 그러나 아쉽게도 이 방에는 그때의 추억을 되살릴 만한 책들
이 쉽게 눈에 띄지 않는다.

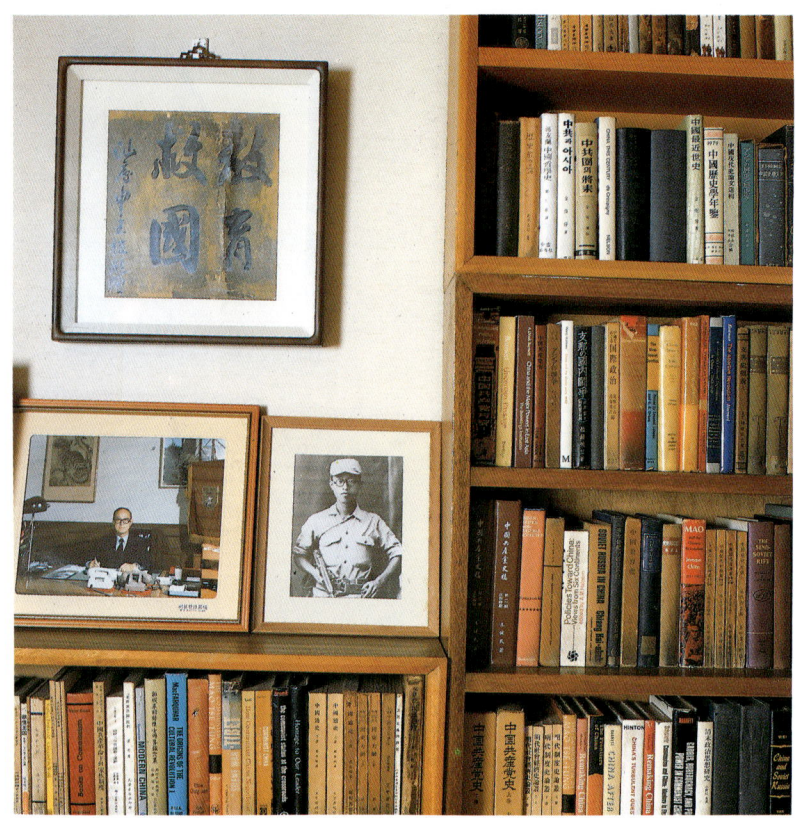

총장에 취임해서 찍은 사진과 해방 직후에 중국의 어느 사진관에서 박은 젊은 날의 김준엽
씨. 위에 걸린 "教育救國"이란 글씨를 담은 액자는 애국지사이고 그의 장인이 되기도 하는
신규식이 쓴 것으로 그가 살아 온 삶과 잘 어울리는 말을 담았다.

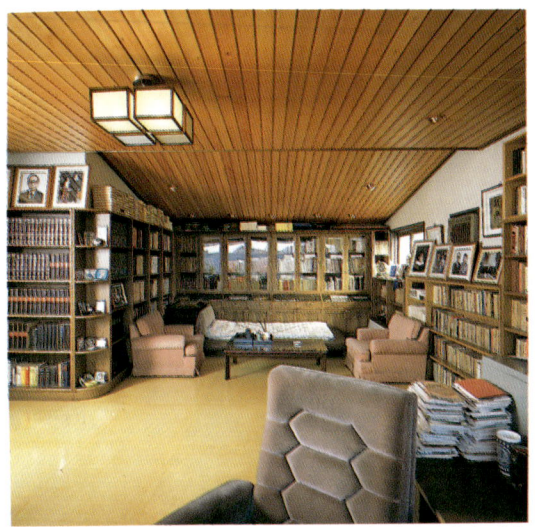

넓은 데다가 책들로 빽빽히 들어차서 자칫 딱딱해지기 쉬운 이 방을 나무 천장과 조명 시설물들이 부드럽고 아늑하게 해준다.(위)

홀쩍 눕거나 엎드리고 싶을 때를 위해서 서가와 탁자 사이에다가 매트리스를 놓고 그 위에 이부자리를 펴 두었다.(아래)

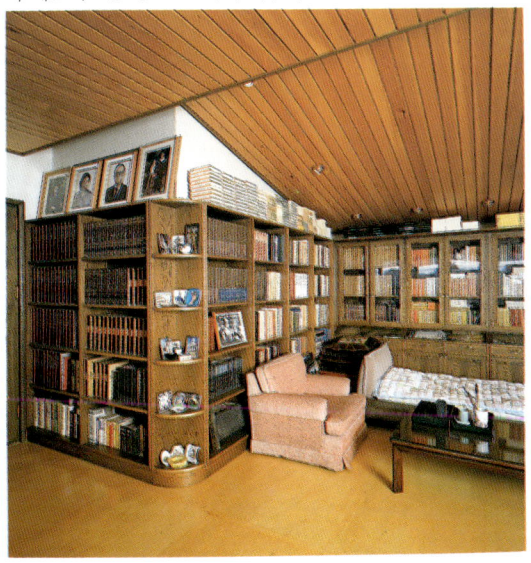

그의 서재에는 몇몇 사진 액자 곧 박사 학위 받을 때에, 회갑 기념으로, 총장에 취임해서 박은 사진들과 스물다섯살 때 찍은 젊은 광복군 차림의 사진들을 담은 액자들말고는 장식 같은 것이 거의 없는 편이다. 워낙 취미가 없다고도 말하지만 책이 벽을 완전히 점령해 버린 탓에 사실 무엇을 덧붙여 볼 데도 달리 없다. 그래서 중국인 친구가 써 준 노자의 글도 서가 한쪽 밑에 세워 두었다. 그러나 문 한컨에 붙은 네칸짜리 서가에서 아래 세칸을 할애해서 재떨이를 여럿 모아두기는 했다. 몇해 전에 친구가 선물로 재떨이를 하나 주었는데 그 뒤로 나라 밖에 나들이할 일이 생기면 "값도 싸고 해서" 기념으로 하나씩 들고 오는 버릇이 붙었다고 한다. 그 여러 모양의 재떨이들이 지금 김준엽 씨보다 적은 나이에 찍은 그 부모님 사진의 소꿉 장식품 구실을 하고 있다.

김화영 교수의 서재

　고려 대학교 불문학과 교수인 김화영 씨의 서재는 뜻밖에도 "불란서 냄새"가 전혀 느껴지지 않는 공간이다. 책장에 가득 꽂힌 책들을 가만히 들여다보면 대개가 불문학과 연관된 것들이라는 것을 빼면, 김 교수의 긴 프랑스 생활을 알려 줄 만한 기념품이나 하다못해 그림 엽서 한장 눈에 띄질 않는다. 그러나 그러한 의문은 김 교수의 여행담이나 글 속에서 어렴풋이 풀린다.

　그의 글은 그가 고향과 고국의 친근함과 익숙함을 떠난 "여행자"였지 "관광객"이 아니었음을 말해 준다. 자신과 가까운 모든 것들로부터 떠난 "여행자"는 아무것도 소유하기를 원하지 않는다. "소유를 버리기 위해서 우리들은 떠나지 않는가? 그 어느 하나도 소유하기를 거부하는 여행자가 생명이 불타고 있는 한 결코 잃어버리지 않는 것은 그의 속내 이야기, 그의 내적 풍경, 그의 비밀이다." 그의 프랑스 기행문의 한 구절에서 볼 수 있듯이, 이국에서 지나간 세월은 증거물 같은 기념품이 아닌, 그의 삶과 기억 속에 비밀스럽게 간직되어 있는 모양이다.

　그러나 김 교수에게도 한 가지 욕심이랄까 소망이랄까가 있었다면 넓고 밝은 서재를 갖는 것이었다. "햇빛이 가득 들어오는 밝은 집"이 김 교수가 집에 대해서 오직 하나 바라는 조건이다. 그가 자주 떠올리는 지중해의 눈부신 태양에 대한 그리움 때문인지 "추운 것은 견딜 수 있어도 어두운 것은 피하자"라고 스스로에게 늘 강조해 왔다.

"저도 작업용 화실을 갖고 있고 나만이 일할 수 있는 공간이 얼마나 중요한 것인가를 알지요. 그렇기 때문에 저의 남편처럼 글과 씨름하는 사람에게 서재라는 것이 얼마나 중요한가를 잘 압니다. 그래서 삼년 전에 이 아파트로 이사를 오면서 이 집에서는 가장 크고 밝은 안방 자리를 서재로 내놓았어요"라며 김 교수의 부인은 남편이 드러내놓고 자주 얘긴 안했어도 늘 갖고 싶어했던 "넓고 밝은 서재"를 드디어 마련할 수 있게 된 것이 다행스럽다고 한다.

김화영 교수의 서재 군데군데에 있는 문갑, 경상, 도자기, 족자 들은 유학자이신 아버님이 쓰시던 것을 물려받은 것이다.

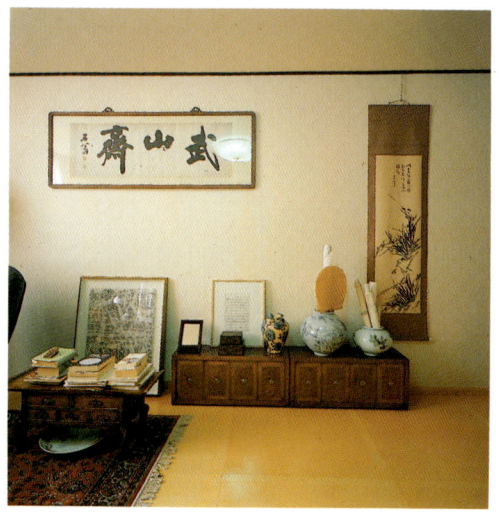

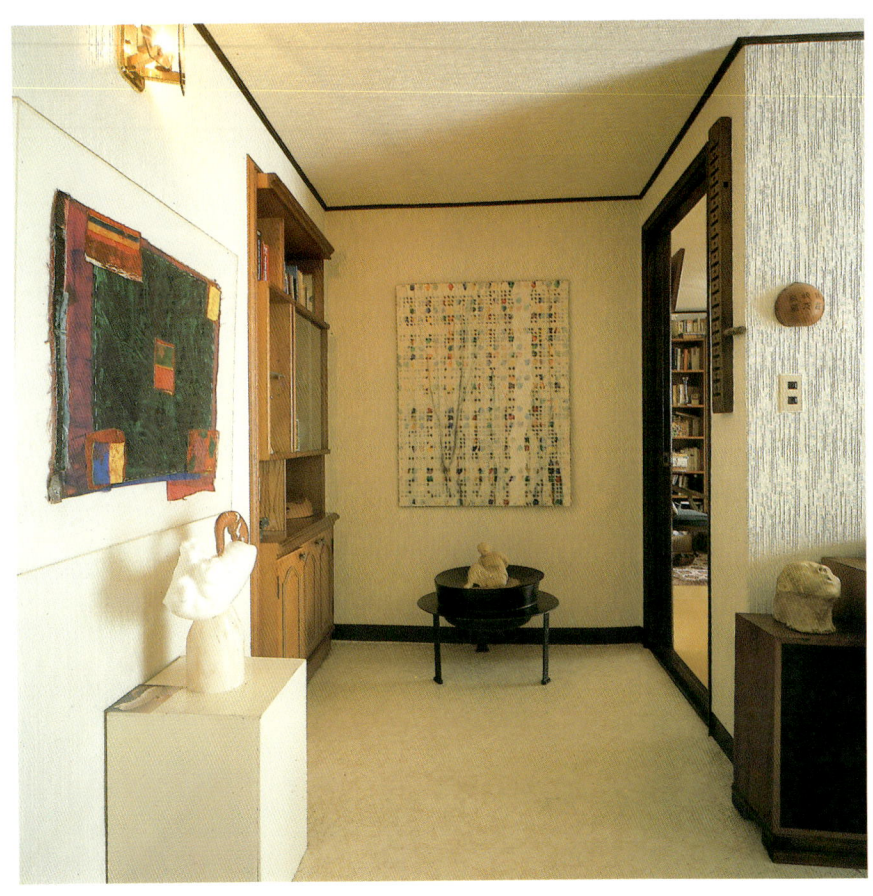

서양 화가인 안주인이 동료 작가들이 준 작품이나 테라코타 같은 조각품으로 꾸민 거실과 통로를 지나면 김 교수의 밝은 햇살이 비치는 서재가 오른쪽에 있다. 엄숙하게 가라앉은 듯하면서도 아늑하고 포근한 느낌을 준다.

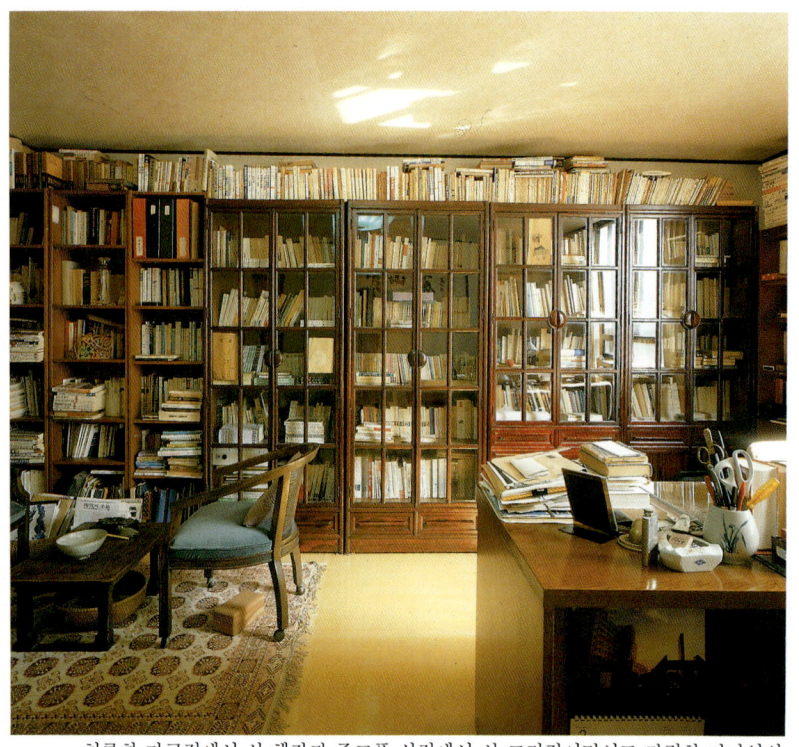

허름한 가구점에서 산 책장과 중고품 상점에서 산 고전적이면서도 간결한 디자인의
의자 두개가 안주인의 "눈썰미 있는" 알뜰함을 말해 준다.

    서재의 세간도 대개가 해묵은 물건들임을 알 수 있다. 책장만
해도 십몇년 전에 을지로의 한 이름없는 가구점에서 산 것인데 간결
하면서도 유리문이 달린 책장을 찾느라 고생깨나 했다고 한다. "중
요한 책들은 아무래도 문이 달린 책장 안에 보관하고 싶었지요.
유리문으로 된 것이 내부가 들여다보여서 편리하고, 또 이불 장롱같
이 보일 염려도 없어 좋을 것 같아 열심히 찾아 돌아다녔는데 마땅

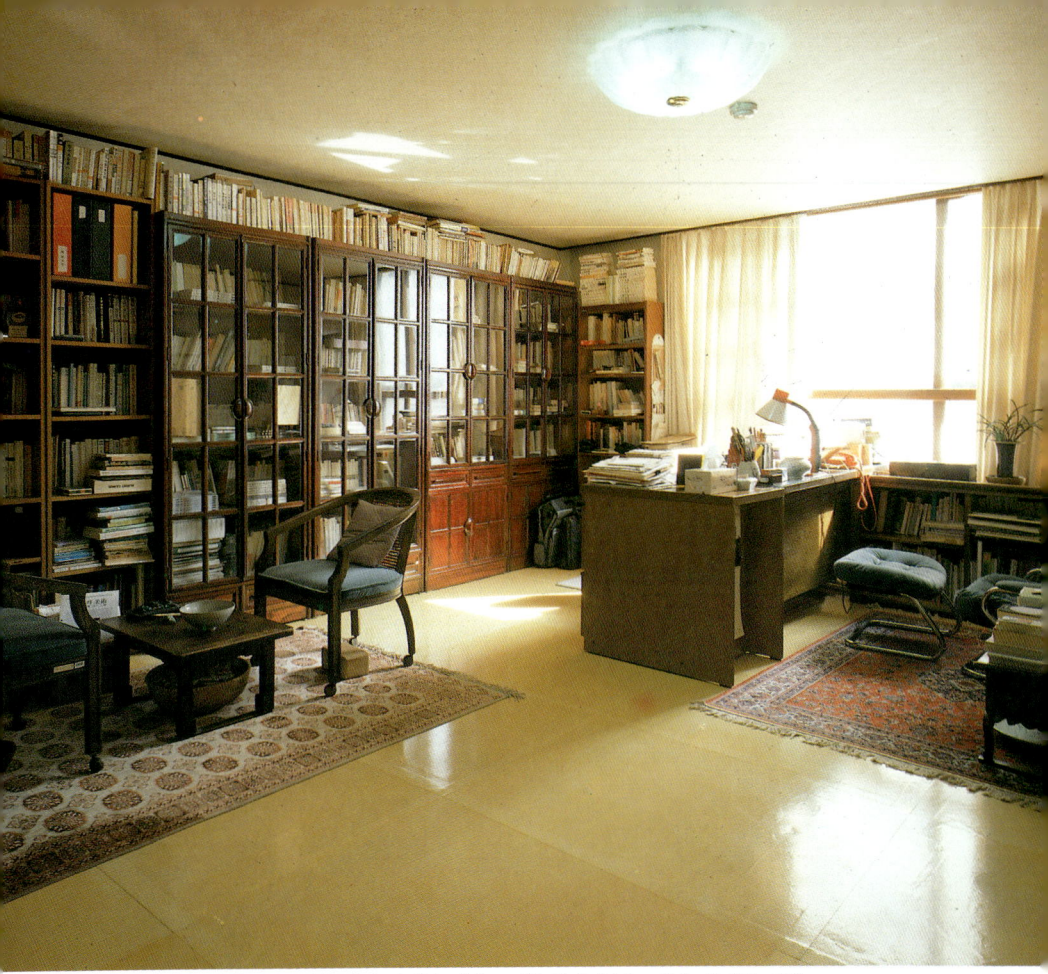

이 집에서는 가장 크고 밝은 안방 자리를 서재로 내놓았다며 넓고 밝은 서재를 마련
할 수 있게 된 것이 다행스럽다고 한다.

한 것이 있어야지요. 보관용 책장이랍시고 만든 책장들은 값도 엄청
났거니와 어찌나 하나같이 장식들이 요란한지 서재에 놓았다간
정신 산란해질 물건들이 태반이었어요. 고집스럽게 찾아다닌 보람으
로 을지로의 한 허름한 가구점에서 그런대로 마음에 드는 책장을
싸게 살 수가 있었어요. 서재 저 한구석에 조그마한 응접 세트용으
로 마련한 의자 두개가 또 재미나요. 저 의자들은 중고품 상점에서

찾아 샀는데, 고전적이면서도 간결한 디자인이 마음에 들더군요. 그런데 나중에 우연히 의자를 뒤집어 보니까 '이것은 미국 정부 소유임. 사거나 팔수 없음' 하고 써 있더라고요. 아마도 한국에 와 있던 미국의 관리가 슬쩍 팔아넘긴 모양이지요. 그것도 아주 헐값에 말예요."

그밖의 물건들은 거개가 선물 받은 것들이다. 군데군데 눈에 띄는 골동품들, 이를테면 문갑이나 경상, 도자기, 족자 따위는 유학자이신 김 교수의 아버님이 쓰시던 것들을 물려받은 것이다. 벽에 걸어 놓은 "무산재"란 글씨도 아버님이 계시던 사랑채의 당호로, 그 친지가 쓰신 것이다. 그 나머지 장식품들은 친구들이 정성스럽게 준 것이기에 그들을 대하는 마음으로 가까이에 두고 본다.

서양 화가인 안주인이 꾸민 집답게 테라코타 들의 조각품이나 서양화 중심으로 세련되게 꾸며진 거실과 통로를 지나 서재에 들어서면, 서재라는 곳이 풍기는 선입관도 있겠지만 김 교수의 서재는 엄숙하게 가라앉은 듯하면서도 밝은 햇살 덕분인지 무척 아늑하고 포근하게 느껴진다. 더욱이 알뜰한 부인의 정성스런 배려와 친지들의 손길이 가까이에 있으니 그럴 수밖에.

송미숙 씨 집의 서재

　성신 여자 대학교 미술사학과 교수인 송미숙 씨의 서른댓평 남짓한 방배동의 아파트는 혼자 지내기엔 충분하고도 남는 공간이다. 그래도 늘, 주말에는 찾아오는 사람들로 북적인다. 어른이나 애들이 있는 것도 아니고 워낙 털털한 성격이라 함께 있는 사람들을 편하게 해주어서인지 쉬는 날이면 으레 한 사람 두 사람씩 송씨의 아파트로 모여들어 실컷 "쉬었다 가곤" 한다.

　가장 많은 시간을 보내게 되는 서재를 가장 큰 방인 안방 자리에 잡고 결국 잠만 자는 곳인 침실은 그리 넓을 필요도 밝을 필요도 없을 듯해 현관 왼쪽의 문간방으로 잡았다. 그 나머지 온돌방은 장롱을 놓고 안방의 모양을 갖추어 어른들이 찾아오시면 모시고, 또 묵고 가시게도 한다.

　학자의 서재는 말할 것도 없고 보통 가정에서도 서재라고 하면 으레 천장까지 닿을 것 같은 높은 책장에 책을 가득 꽂아 놓아 네 벽이 온동 책들에 둘러싸여 어쩐지 침침해 보이거나, 명랑한 공부방이라기보다는 공연히 무게잡는 듯한 인상을 주는 경우가 대부분이다. 그런 면에서 송씨의 서재는 일반적으로 일컫는 서재의 분위기와는 전혀 다르다. 높은 책장에 빽빽히 꽂혀 있는 책들에 둘러싸여 있으면 왜 그런지 짓눌리고 감시받는 듯한 느낌이 드는 것이 싫어서 친척이 쓰다가 물려 준 책장을 죄다 "분해"하여 흰색으로 칠하고 벽돌을 손수 창호지로 싸서 받침으로 대신하여 나지막하게 두단으로 선반 같은 책장을 만들었다. 보통 서재라고 하는 것이 은근히 읽지도 않은 책 자랑을 위한 방이 되어 버리는 수가 많은 것이 송씨의 비위에 늘 거슬리는 점의 하나였다. 그래서 가능하면 꼭 필요한 책들만 내어놓고, 또 그것도 학교와 집으로 나누어 공연히 장식용의 서재가 되지 않도록 신경을 썼다.

책상과 의자는 지난해 아파트로 이사 오면서 새로 마련했는데 자리를 많이 차지하지 않으면서도 널찍하게 일하기 쉽고 자질구레한 물건들을 정돈하기에도 편리하도록 궁리하여 서랍장 위에 커다란 선반을 올려 놓게 책상을 만들었다. 한쪽으로 튀어 나온 서랍장 위에는 타자기를 올려 놓았다. 방 앞으로 한층 올라가 베란다가 이어지는데, 그 턱을 없애고 방을 넓힐까 하는 생각도 해보았지만 작은 온실로 꾸며 서재의 딱딱한 분위기를 누그러뜨리고 가끔 쳐다보며 기분 전환이라도 할 겸해서 그대로 두었다.

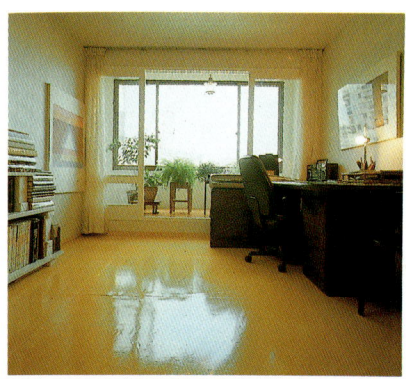

방 앞의 베란다는 작은 온실로 만들어 서재의 딱딱한 분위기를 누그러뜨리고 가끔 쳐다보며 기분 전환이라도 되게 밝고 따뜻하게 꾸며 놓았다.

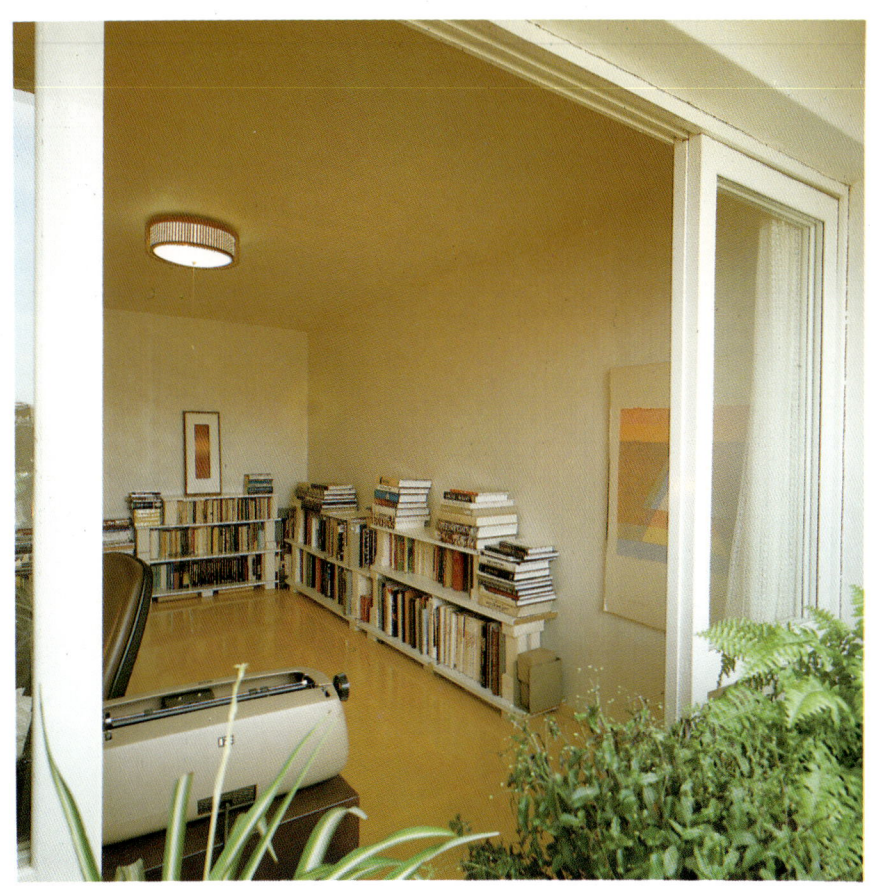

송씨는 서재를 여느 사람들이 안방으로 쓰는 큰방에 꾸몄다. 그이에게는 잠자리 다음
으로 편해야 하는 곳이 서재이어서 이녁 마음에 드는 물건을 꼼꼼히 찾아다니거나,
맞추어서 들여 놓았다.

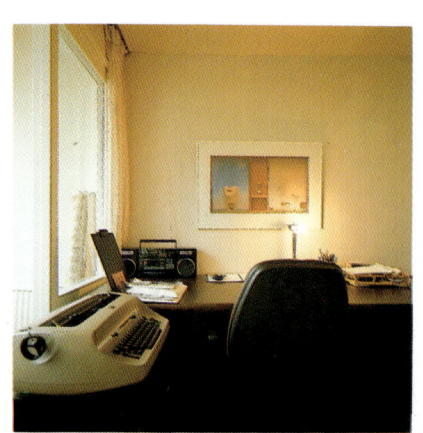

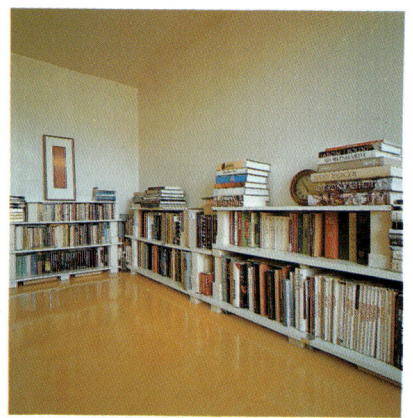

책상은 서랍장 위에 커다란 선반을 올려 일하기
쉽고, 물건들을 정돈하기 편리하게 만들었다.

무게잡는 듯한 인상을 주는 서재와는 분위기가
전혀 다르다.

그이는 몸치장이나 음식 따위에는 거의 무관심하지만 가구에는
좀 신경을 쓰는 편이다. 서재의 책장이나 거실의 소파처럼 남들이
안 쓰는 것들을 아까운 마음에 갖다 놓은 것도 있지만 새로 장만하
는 때에는 꼼꼼히 찾아다니고 조금이라도 탐탁하지 않으면 결국
맞추어 짜거나 색을 바꾸거나 하니 꽤 까다롭다.

서재의 책상용 가죽 의자만 하더라도 웬만한 대용품도 있었지
만, 색이나 모양, 질감이 모두 마음에 들고, 그이에게는 잠자리 다음
으로 편해야 하는 것이 서재 의자라서, 앉아 본 느낌이 마음에 딱
맞는 것을 골라 꽤 큰 돈을 선뜻 내고 장만했다. 그이는 마치 의사와
환자의 의자처럼 책상 옆에 따로 조그마한 의자를 한두개씩 늘 놓아

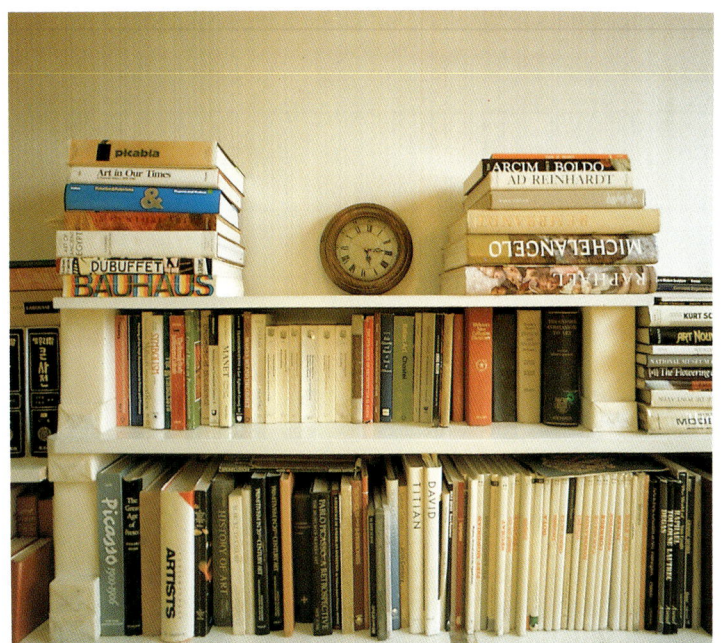
한 친척이 쓰다가 물려 준 책장을 죄다 "분해"하여 흰색으로 칠하고, 벽돌을 손수 창호지로 싸서 받침 대신하여 나지막하게 두단으로 선반 같은 책장을 만들었다.

두고 있다. 찾아오는 학생들을 위한 것이라기보다는 일할 때에 놀러 오는 친구나 동료들을 "접대"하기 위한 것이다.

이제 세간은 더 늘릴 것이 없지만 한 가지 과제가 있다면 서재의 등과 바닥이다. 조명 기구 가게를 몇 군데 돌아다녀 보았지만 마땅한 것이 없어 지금은 이사 올 때의 것을 그대로 달아 두고 있지만 좀더 단순하고 천장에 바싹 붙는 모양의 등으로 바꿀 생각이다. 바닥은 온돌방에 책상과 의자를 놓은 것이 어쩐지 좀 어색하여 겨울에는 카펫을, 여름에는 돗자리를 깔고 쓰고 있으나 시간을 두고 찾아보아 바닥에 깔기에 마땅한 소재가 있으면 바닥을 새로 깔아 볼 참이다.

화가 양주혜 씨 집의 **식당**

　획일적인 구조와 실내 장식의 아파트 살림에서 개성을 살리기란 그리 쉽지가 않다. 하기야 구조를 좀 바꾸고 도배를 새로 하거나 조명 기구와 붙박이 가구를 새로 짜는 식으로 제한된 틀 안에서 어느 정도 변화를 줄 수는 있겠지만 아파트가 갖는 기본적인 분위기를 벗어나기란 꽤 힘들다. 그래서인지 분위기를 바꾸기 위해서 꽤 큰 공사를 치렀다는 아파트의 실내라고 해도 결국은 오십보 백보인 경우를 많이 본다. 더군다나 가구를 포함한 실내 장식을, 자기 집만의 분위기를 내기 위해서라기보다는 유행을 좇아 꾸미다 보니 공들인 보람도 없이 판에 박은 "모델 하우스"가 되어 버리기 마련이다. 그런 점에서 서양 화가 양주혜 씨의 집은 아파트라는 단조로운 구조 안에서도 요즈음의 유행과는 전혀 다른 색다름이 돋보인다.

　양주혜 씨가 집을 꾸미는 데에서 가장 중요하게 생각한 점은 무엇보다도 "자연스럽고, 사람 사는 냄새가 느껴지는 곳"이어야 한다는 것이었다.

　"요즈음은 여유들이 많아서인지, 유행인지, 정말 외국의 인테리어 잡지에 나오는 식으로 꾸미고 사는 집들이 많더군요. 눈을 즐겁게 해주는 집치레도 물론 뜻이 있겠지만, 너무나 완벽하게 꾸며진 집은 인위적인 느낌이랄까 어딘가 거북하고, 사람이 집의 주인으로서 집을 부리고 사는 것이 아니라 거꾸로 사람이 당당히 버티고 있는 집의 눈치를 살펴가며 지내야 할 것 같은 느낌이 들어, 저는 아예 집치레에 연연하는 것은 그만두기로 했지요. 집이라는 것은 사람이 사는 곳이지 보이기 위한 곳이 아니므로 편안함과 따스함이 가장 중요하다고 봅니다."

그러는 그도 예술가인 만큼 "아름답게 꾸미는 것"이 무엇이며 어떻게 해야 하는 것인가는 누구보다도 잘 안다. 그러나 그 꾸미는 대상이 예술 작품이 아닌 집이라면 문제는 전혀 다르게 된다. "자연스럽고 따스하게" 꾸미는 것도 "꾸민다"는 것에서는 다를 바가 없을 터이고 어쩌면 "아름답게" 꾸미는 것보다 훨씬 더 힘든 작업인지도 모른다. 사실 자연스런 소재로 만들어진 따스한 색상의 가구로 한껏 꾸며 보아도 어딘지 자연스럽지 않고 서먹서먹한 분위기가 되어 버린 경우도 드물지 않게 눈에 띈다. 결국 그 집안의 삶이 바로

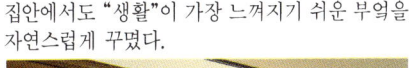

집안에서도 "생활"이 가장 느껴지기 쉬운 부엌을 자연스럽게 꾸몄다.

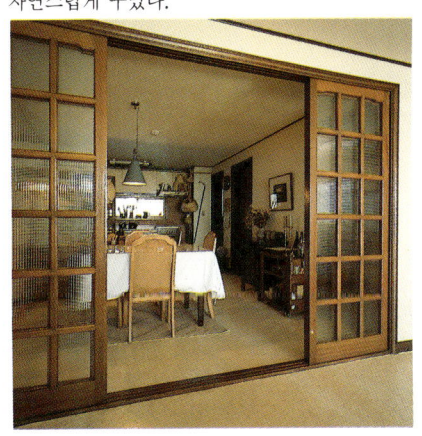

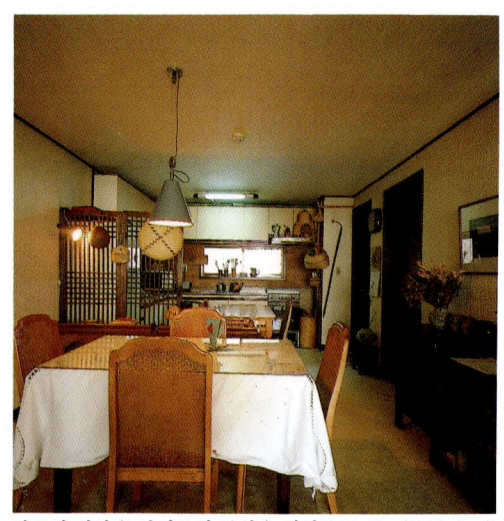

안쪽의 식탁은 아이들의 간식용 테이블로, 또 가끔은 조리
대로 쓸 수도 있어 편리하다. 바깥쪽의 것은 가족용 식탁
세트이다.

따스하여 그것이 자연스럽게 집치레에 드러날 때에야 비로소 관상
용이 아닌, 자연스럽고 따스한 집안 분위기가 만들어지는 것 같다.
　"저희 집의 가구는 나무로 된 것들이 대부분인데 보시다시피
거의가 손때가 묻은 것들이지요. 그러나 모두가 정든 물건들입니
다. 몇번 이사도 다니고, 살아가면서 하나 둘씩 모은 물건들이라서
꼭 식구 같은 느낌이에요. 요즈음이야 어디 옛 물건들 두고 삽니
까? 무슨 세트, 무슨 세트 하며 아예 한꺼번에 통일해서 들여 놓기
가 일쑤지요. 인테리어 잡지에서 보았다거나 누구네 집에서 보았다
거나 하는 따위의 이유로 별 생각없이 큰 가구들을, 그것도 세트로
그렇게 쉽게 해결해 버리는 것을 보면 어쩐지 좀 서글픈 생각이
들어요"라는 양주혜 씨의 말을 들으면서 그의 집이 따뜻하고 포근한
까닭을 알 듯했다.

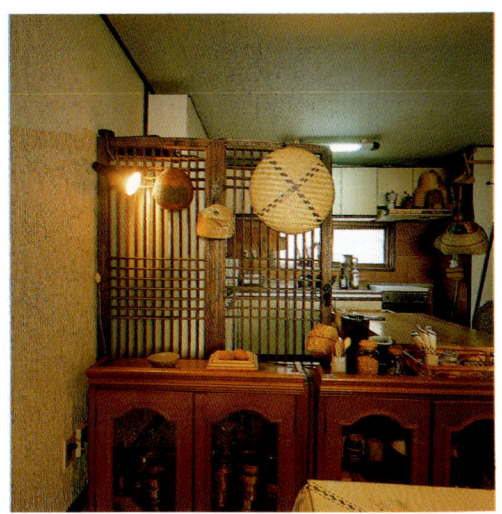

창살문을 가리개로 하여 부엌과 식당을 나누는 효과를 냈다. "현대"와 "고전"이 묘하게 조화를 이루고 있다.

집안에서도 "생활"이 가장 느껴지기 쉬운 곳이 부엌이며 식당이다. 양주혜 씨는 부엌과 식당이 분리되지 않는 것이 좀 못마땅하게 생각되어 지금의 창살문을 가리개로 부엌과 식당을 나누었다. 식당에는 아이들이 간식용 테이블로 자주 사용하는 조그만 식탁 세트와 온 식구가 함께 식사하는 그보다 큰 식탁 세트가 있다. 물론 말이 식탁 세트지 테이블은 테이블대로 의자는 의자대로 따로 사 모은 것들이다. 가족용 식탁 테이블은 남편이 책상으로 사용하던 것을 이사 오면서 식탁으로 쓰게 되었다. "두어해 전 어느 백화점에선가 중공산 물건들을 수입해서 판 적이 있었는데 그때 이 식탁보를 샀습니다. 손으로 놓은 아플리게 수를 보니 고등힉교 시절 수에 시간이 생각나 향수에 젖었다가 그만 사 버리고 말았지요. 좀 유치해 보이는 줄 알면서도 쓰고 있어요"라며 웃는다.

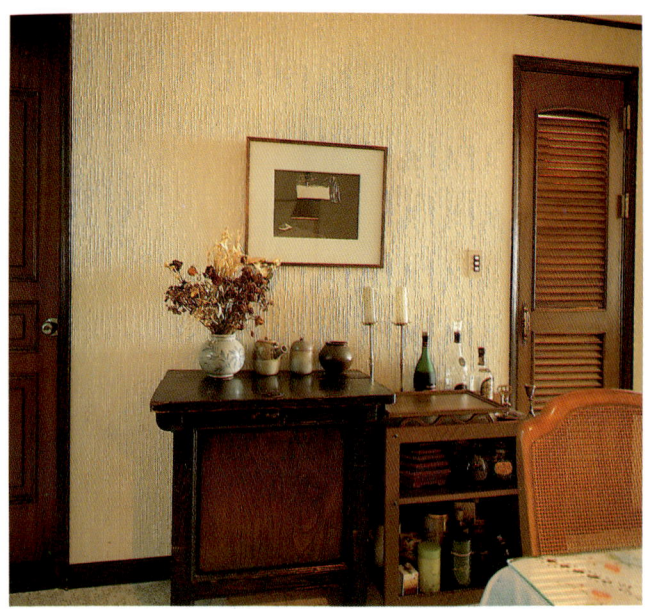

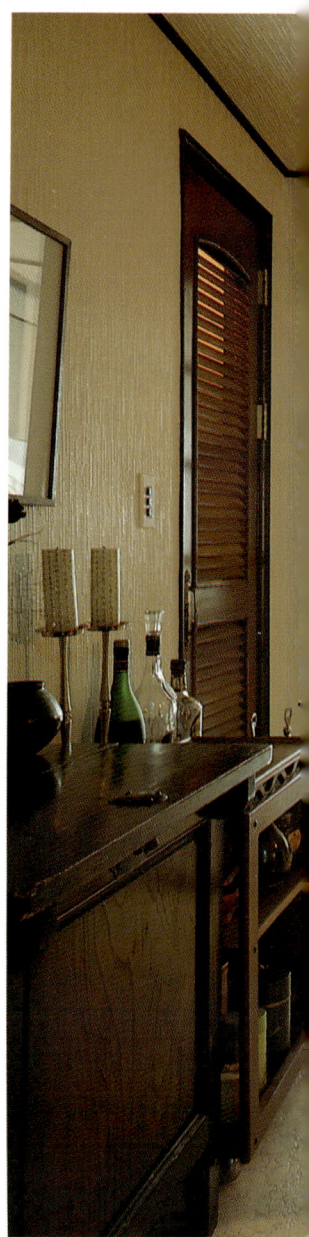

지나치게 꾸미는 느낌이 들지 않도록 장식물을 편하게 늘어놓았다. 생활용품들을 장식물로 활용한 것도 한 특징이다.(위)

좀 유치한 듯도 한 아플리케 수의 식탁보가 오히려 식당을 편안한 느낌이 들게 하는 효과를 내며 고등학교 시절 수예 시간도 생각나게 한다.(오른쪽)

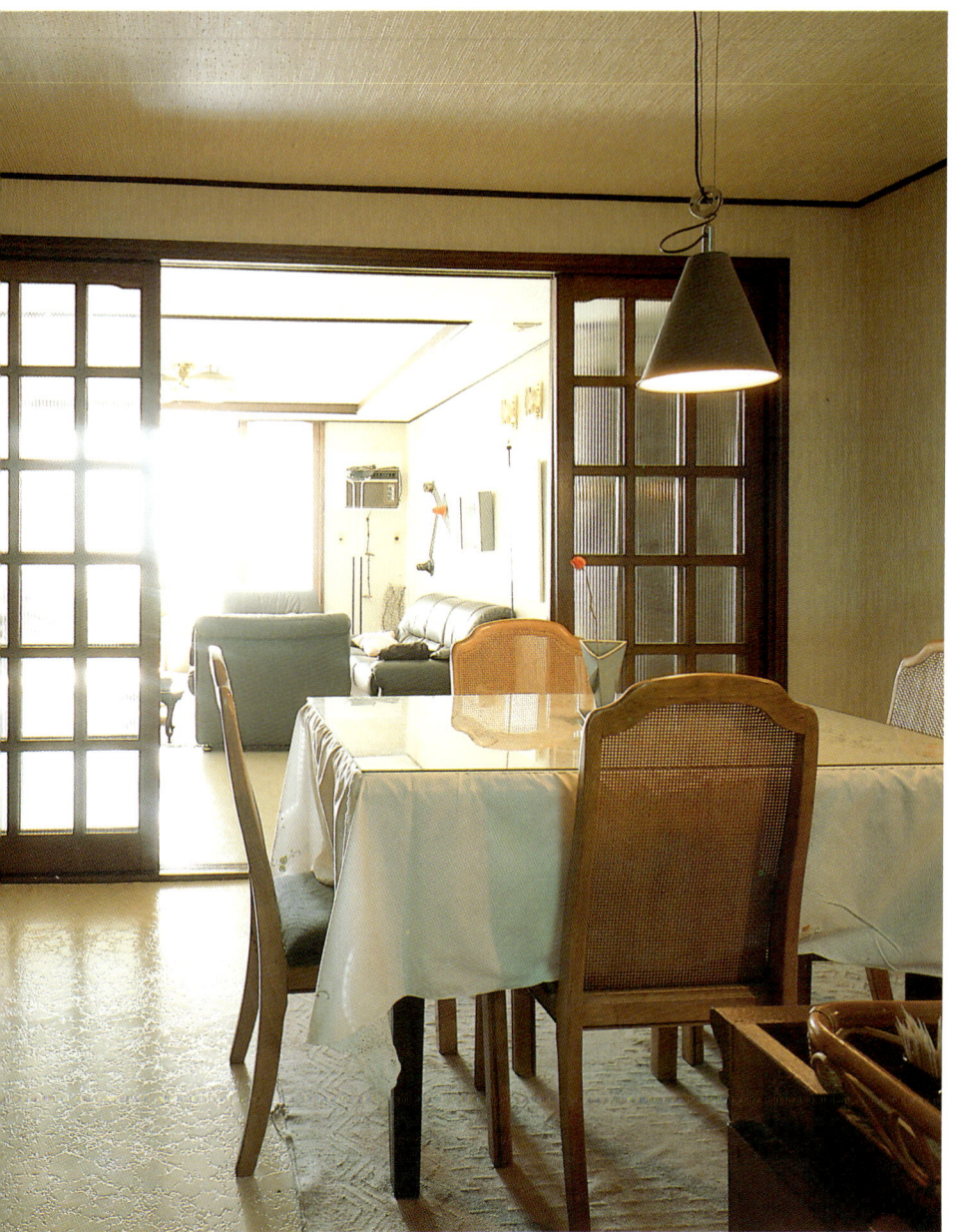

아이들의 간식용 식탁 세트는 그리 넓지 않은 식당 공간에 없어도 될 듯도 하지만, 아이들이 워낙 잘 쓰는 데다가 가끔은 조리대로 쓸 수도 있어 편리하다.

"부엌과 식당이 좀 분리되는 느낌이 들도록 가리개를 놓고, 조금 치장을 한 것말고 특별히 꾸민 것은 없습니다. 그저 취미로 샀던 민속품들을 적당히 늘어놓은 것뿐이지요. 그런데 이미 있는 물건들에게 제자리를 찾아 주는 것이 사실 집치레인데 그게 참 어려워요. 침이라는 것도 그렇지 않습니까. 입 안에 있어야 할 것이 입 밖에 나오면 얼마나 지저분해져요. 집치레도 마찬가지라고 봅니다. 물건들을 너무 인위적으로 멋있게 진열해도 자연스럽지 못하고 그렇다고 생각없이 내놓았다간 어수선할 뿐이지요. 있어야 할 자리에 놓아야 하는데 말이에요. 제 남편은 저더러 뭐든지 나란히밖에 놓을 줄 모른다며 늘 놀립니다만 제겐 그 방법이 제일 편하더군요."

워낙 집치레에는 욕심이 없는 데다가 요즈음은 특히 바쁘다 보니 집에는 별로 신경을 쓰게 되질 않는다는 그이는 그저 깨끗하고 편안하게 지내는 게 가장 좋다고 말한다. 그러나 색동으로 아롱아롱 이어지는 그의 그림에서 그의 따스한 성품을 볼 수 있듯이, 자연스럽게 스며 있는 그의 따스함과 예술가로서의 안목이 집치레에서도 이내 드러난다.

끌고 나가 걸어다니며 모처럼의 눈을 즐기기도 하며 가능한 대로 자연의 아름다움을 몸과 마음으로 느끼며 자라나도록 신경을 씁니다."

부드럽게 흐르는 음악 소리를 배경으로 하여 차근차근 얘기하는 김희주 씨의 생활 신조를 듣느라니까 그의 "늙지 않는 비결"을 자연히 알 듯하다.

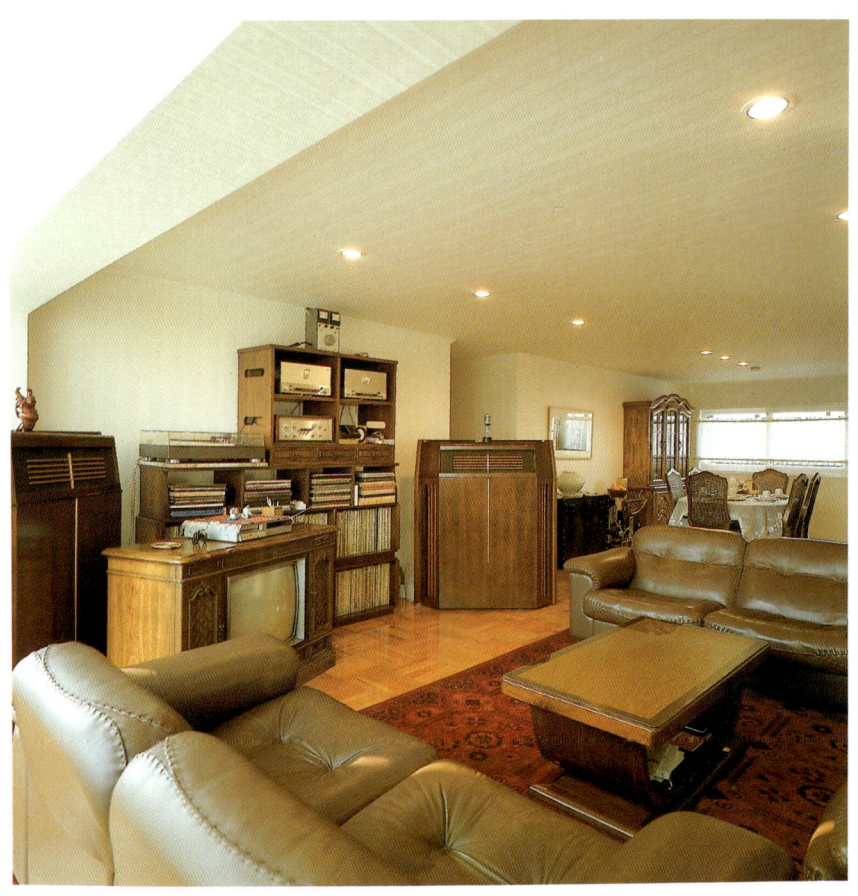

조예리 씨 집의 **부엌**

성북동에 있는 조예리 씨 집 부엌이 한번 "볼 만한" 부엌이 되는
것은 바로 꾸민다고 하는 것이 과연 무엇을 두고 하는 말인지 썩
명쾌하게 보여 주는 부엌이기 때문이기도 하다.

이 집 부엌에 들어서면 우선 가장 먼저 눈에 띄는 것이 동쪽으로
시원하게 난 창과 그 창 밖으로 보이는 몇 그루의 대추나무 가지들
이다. 그 창 바로 앞에 개수대가 있어, 설거지하는 틈틈이 문득
눈을 들어 창 밖을 보는 즐거움이 클 터임을 알게 된다. 집의 면적에
견주어 부엌이 제법 넓은 편인데, 세해 전에 이 집을 지을 때에 이
집 안주인은 도면을 놓고 설계한 이와 싸워 가며 부엌을 크게 냈
고, 마침내는 다용도실이라고 부엌 옆에 마련한 공간마저도 터서
부엌에 합치게 했다. 부엌이 좁고 답답하면 들어가기가 싫어진다는
것이 그의 지론이었기 때문이다. 창을 낸 것도 그가 우겨서 한 일에
드는데 방음과 방한을 위해 벙어리 창틀에 붙박이 유리를 두겹으로
끼웠고 창에서 내다보이는 뒤꼍을 시멘트로 발라 버리자는 것을
마다고 대추나무를 심은 것이다.

그 창과 함께 또 하나 이 집 부엌을 인상 깊게 하는 것은 천장에

매달린 프라이팬과 소쿠리의 무리이다. 아파트 베란다에서 흔히 볼 수 있는 빨래 말리는 기구와 비슷하게 생긴 걸개가 두개 걸려 있어, 저마다 프라이팬과 소쿠리들을 주렁주렁 매달고 있는데 그 높이가 이제 고등학교 일학년인 그 집 아들이 지나갈 때마다 프라이팬에 머리가 부딪친다고 불평을 할 만큼 낮은 듯하여 손쉽게 꺼내 쓸 수 있도록 되어 있다.

이 집 부엌의 특징은 모조리 밖에 나와 매달려 있는 팬과 소쿠리들에서 짐작할 수 있듯이 모든 그릇과 기구들이 금방 손이 닿는 곳에 일목요연하게 정리되어 있다는 것이다. 기역자로 놓인 싱크대 위의 벽을 따라 가위와 뒤집개, 거품기, 국자 들의 무리가 또는 크고 작은 계량컵들의 무리가 그것을 써서 무언가를 만들어 보고 싶다는 욕망을 불러 일으키도록 단정하게 걸려 있고, 널찍한 창턱에는 예쁜 유리병들이 줄지어 늘어서 흔히들 부엌의 냉장고 뒤나, 찬장 깊숙이 봉지봉지 사온 그대로 넣어 두고 꺼내 쓰기 일쑤인 밀가루, 녹말가루, 볶은 보리 같은 것들을 담고 있다. 그는 "부엌 구석에 밀가루 담긴 봉지 같은 것들이 쌓여 있는 것"을 무엇보다도 못마땅하게 여겨서 사 오면 바로 병에 옮기는 버릇을 들인 것인데 온갖 가루들이 담겨 구석에 숨지 않고 당당히 늘어선 그 병들이 그의 부엌을 아름답고 풍요롭게 보이게 하는 데에 단단히 한몫을 해주기도 한다.

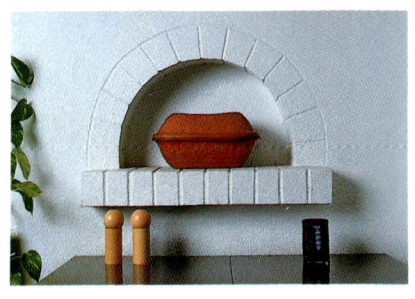

부엌 한쪽에 놓인 이 오지 그릇은 닭을 기름기 없이 굽기에 썩 요긴한 것일 뿐만이 아니라 훌륭한 장식품이 되어 주기도 한다.

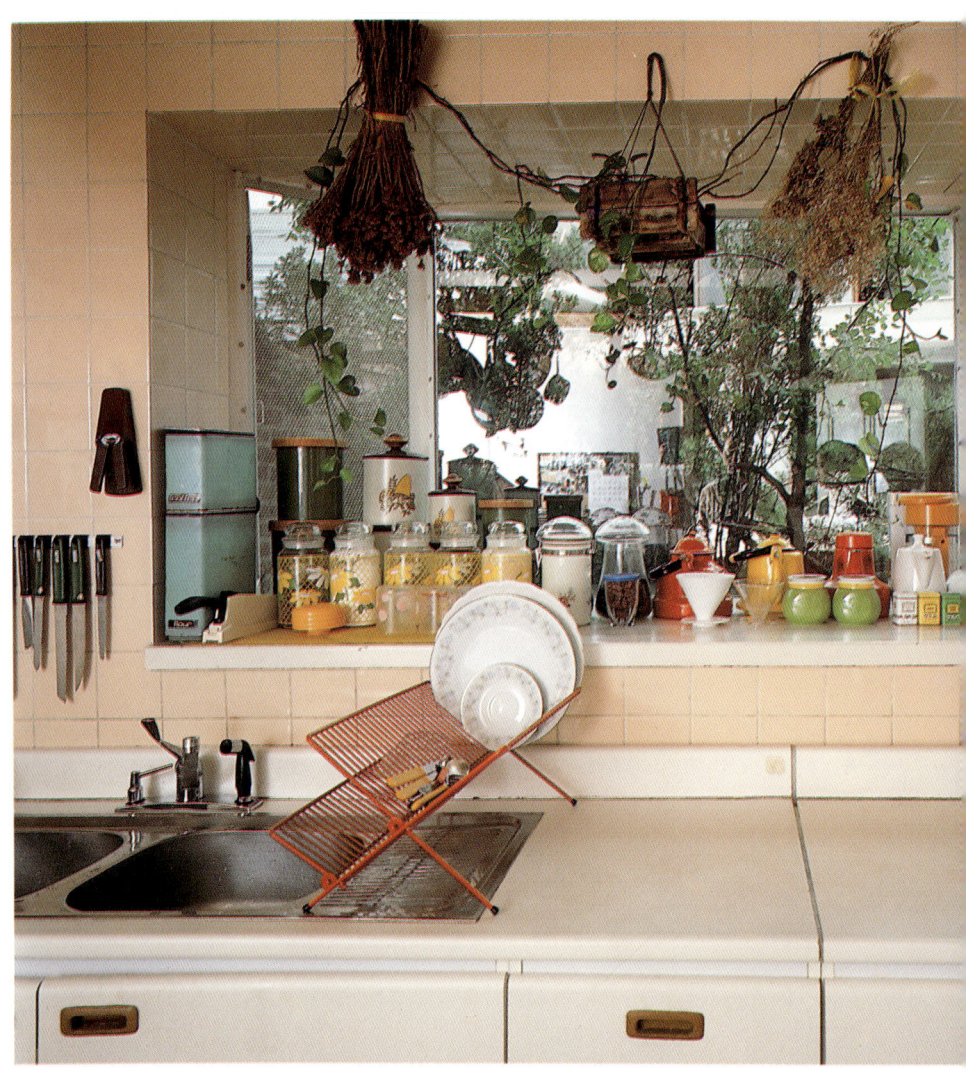

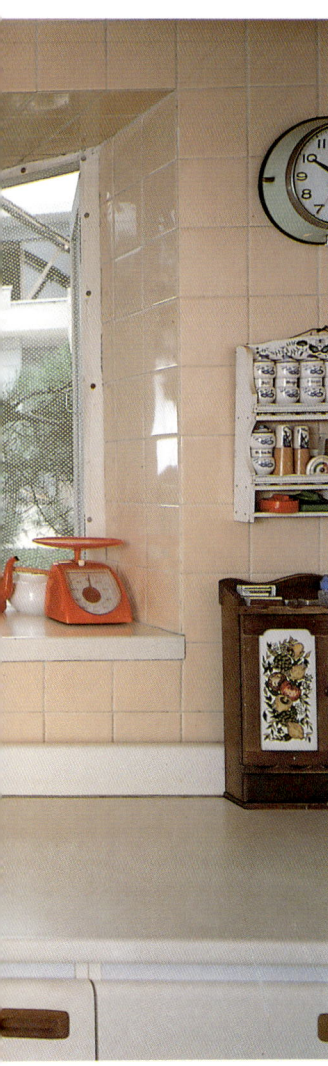

싱크대 앞에 서면 밖이 내다보이도록 시원하게 낸 창과 그 창턱에 늘어세운 갖가지 유리병들이 아름답다. 창을 통해 보이는 몇 그루의 대추나무 가지와 풍경을 보는 것도 즐거움이다.(왼쪽)

천장에 달린 걸개에 주렁주렁 매달려 있는 프라이팬과 소쿠리들은 무엇보다도 이 집 부엌을 기능적인 것으로 보이게 한다.(아래)

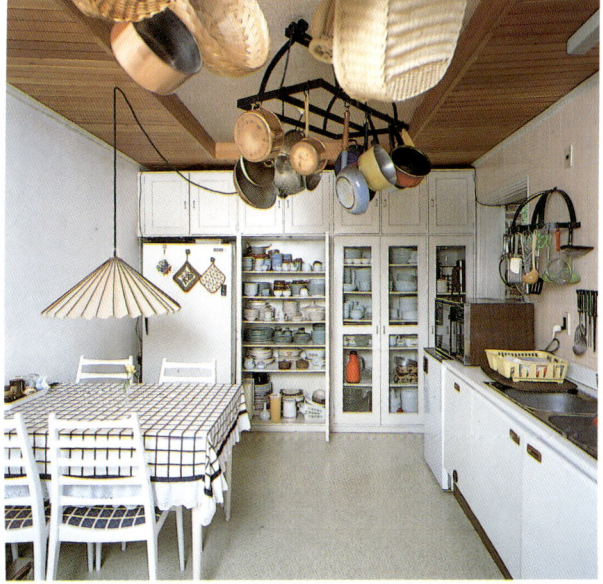

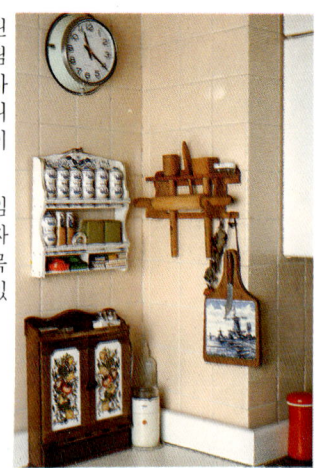

부엌 한쪽 벽에 걸린 이 자질구레한 살림 기구들도 그가 이사 할 때마다 따라다니 는 손때 묻은 것들이 다.(왼쪽)

다양한 모양과 쓰임 새를 가진 칼과 국자 와 뒤집개들이 일목 요연하게 걸려 있 다.(오른쪽)

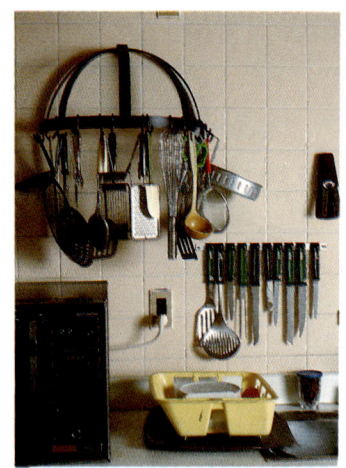

혼인하고 나서 세해 만에 비로소 입식 부엌을 가지게 되었을 때에 그는 한 주방 기구 업체에 싱크대를 따로 주문했다. 그때만 해도 한국 여자의 표준 키를 150 센티미터로 잡고 거기에 맞추어 싱크대 도 만들어지던 터라 키가 큰 편인 그가 쓰기에 이미 나온 제품들은 구부리고 일을 해야 해서 허리가 아플 지경이었고 싱크대의 폭도 너무 좁다고 여겨졌기 때문이다.

그때에 견주면 지금은 국산 주방 기구들이 "재료도 잘 쓰고 모양 도 좋은데" 여전히 그는 기능적인 면에서는 불만이 있다. 이를테 면, 싱크대 하나만 두고 보더라도, 정리장에 선반이 하나만 질러져 있어 아래 위 두칸으로만 쓰도록 만든 것들이 그렇다.

"뭐든지 정리를 잘 하려면 우선 정리장이 기능적으로 되어 있어 야 해요. 아래 위 두칸으로는 절대로 접시며 컵들이 제대로 정리 가 안 돼요. 남는 공간을 놀릴 수는 없으니까 자연히 접시를 산처 럼 쌓게 되고, 그러다 보면 아래에는 큰 접시, 위에는 작은 접시가 쌓여 큰 접시 쓰려면 위에 있는 작은 접시들을 다 내려 놓아야

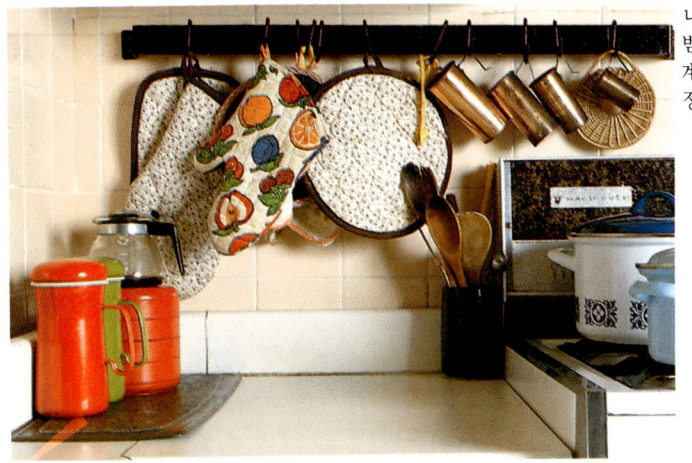

나란히 걸린 냄비 받침과 냄비 집개와 계량컵들이 편리하게 정리되어 있다.

하는 번거로움이 있죠. 그런 일들이 귀찮아서 써야 할 그릇들도 안 쓰게 되고 늘 쓰는 막 접시만 쓰게 되곤 하는 거예요."

그래서 그는 요새도 싱크대의 정리장에는 선반을 세개를 질러 놓고 모두 네칸으로 만들어 쓴다. 그러다 보니 그는 놀리거나 아끼 느라고 안 쓰고 넣어 두는 그릇이 없는 셈인데 어쩌다가 비싼 그릇 막 쓴다고 나무라는 주위 사람들에게 그는 늘 "쓰자고 산 그릇"임을 되새겨 주곤 한다.

서랍에도 그런 문제는 있다. 숟갈에 포크에 젓가락에, 가짓수와 갯수는 갈수록 늘기 마련인데 칸칸이 나누어 쓸 수 있도록 되어 있는 건 드무니 서랍 한칸에 온갖 것들이 뒤섞이기 마련이라는 것이 다. 그는 손수 서랍에 칸을 질르기도 하고, 아니면 뚜껑없는 납작한 플라스틱 상자들을 여럿 넣어 두어, 언제 열어도 서랍 속의 내용물 이 사열을 앞둔 병정들처럼 잘 정렬되어 있도록 하고 있다. 서랍이 란 꺼내어 놓기가 마땅치 않은 것들을 이것 저것 넣어 두는 곳으로 쓰이기 쉬운 것을 헤아리면 그의 서랍들의 그 질서가 예사롭게 보이지 않는다.

그의 부엌에는 오로지 냉동실로만 쓰는 헌 냉장고가 하나 따로 있으니, 그것은 그가 스무해 가까이 살림을 살면서 터득한 "최소한의 노력으로 최대한의 효과를 내자"는 부엌 경영 방침에 따른 것이다. 무엇이나 제철의 것을 듬뿍 사서 냉동실에 넣어 두고 그것이 세 곱절, 네 곱절의 값으로 뛴 겨울철 같은 때까지 두고두고 먹는 것이다. 이를테면 완두콩을 소금물에 삶아서 넣어 두고 한해 내내 먹는 것이나, 양파를 한 자루에 오백원씩 할 때에 몇 자루 사서 넣어 두고 겨울철에 먹는다거나 하는 것인데, 한 마리에 칠백원씩에 산 왕새우가 이윽고 천팔백원 할 때에 한두 마리씩 꺼내어 상에 올리거나 한관에 이만원 할 때에 산 해파리로 그것이 오만원이 넘을 때에 귀한 손님을 치르며 헌 냉장고를 돌리는 전기값쯤은 톡톡히 건지는 것이다.

모든 공간이 그렇듯이, 부엌에서도 가장 소중한 것은 값나가는 그릇이나 조심스레 다루어야 할 기구들이 아니다. 거기에서 삶의 한 부분을 사는 사람이 그 시간을 어떻게 보내게 하느냐 하는 것이 더 소중한 것이다.

돌아와 간식을 먹거나 할 때에 바퀴가 달린 식당의 의자를 잠깐 끌어다가 자주 이용한다. 식당의 식탁과 의자도 네 식구 쓰기에 적당한 것으로 골라 식당의 안쪽에 들여 놓고 거실과 통해 있는 식당의 공간을 조금이라도 넓혔다.

식당과 부엌이 터 있기도 해서 그런지 이 아파트의 구조를 아는 사람들은 이 집이 다른 집보다 훨씬 넓게 보인다는 말들을 곧잘 한다. 사실, 식당에 딸린 발코니의 넓이만큼 식당이 넓어지기는 했다. 난간을 떼어내고 유리창 한장으로 통째로 막아 버려 발코니를 없앤 대신에 그 바닥을 돋우고 카펫을 깔아 식당의 공간으로 합쳐 버렸기 때문이다.

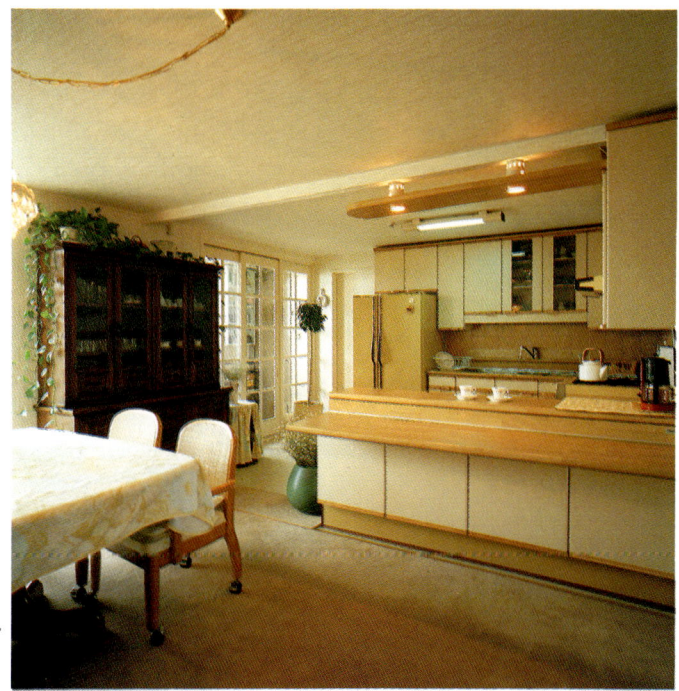

부엌과 식당. 본디 벽으로 나뉘어져 있던 두 공간을 텄다. 음식 냄새가 배고, 부엌 살림이 다 들여다보여 좋지 않는 점도 있으나 식구들이 생활하기에 편리할 듯하여 큰맘 먹고 실행에 옮겼다.

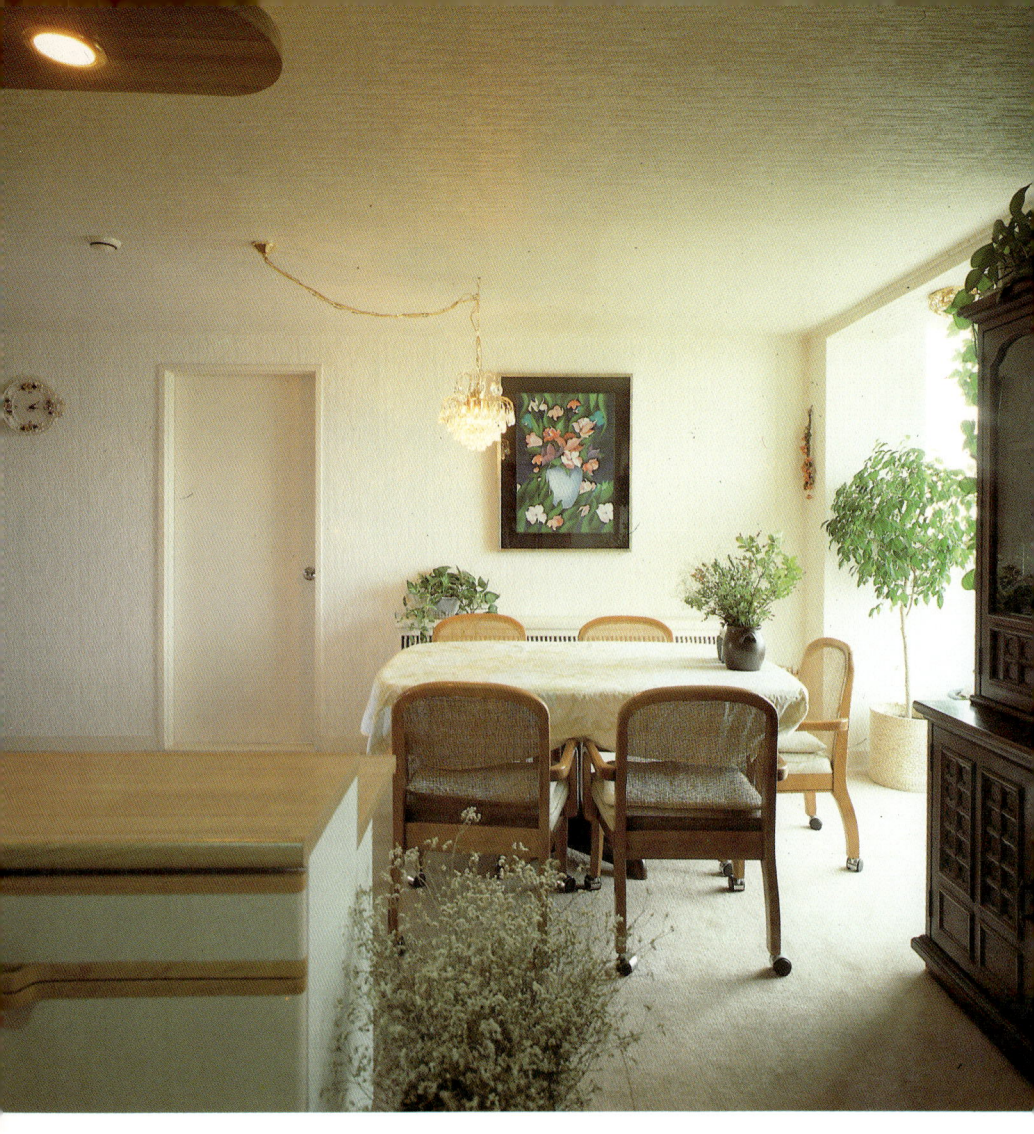

식탁과 의자. 이 집 주인은 아기자기하고 예쁜 물건들이나 수예품들을 좋아한다. 이 식탁보와 방석은 손수 만든 것이다. 수예품이 절제없이 널린 공간에 넌더리를 내는 사람도 이쯤은 따뜻한 분위기를 내기에 알맞은 듯하니 받아들임 직하다.

110 부엌

시스템 키친으로 꾸민 부엌과 선반식 간이 식탁. 간단한 아침이나 간식은 이 간이 식탁에서 먹는다. 냄비나 그릇 따위로 어질러져 있기 쉬운 여느 집 부엌에 견주어 이 부엌은 되도록 물건을 "감추려고" 애쓴 흔적이 뚜렷이 보인다.(위)

발코니의 난간을 없애고 통유리로 막아 식당에서 바깥 풍경을 볼 수 있도록 했다.(아래)

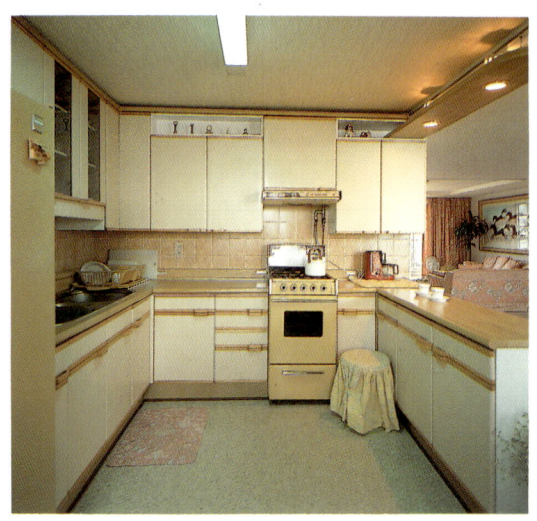

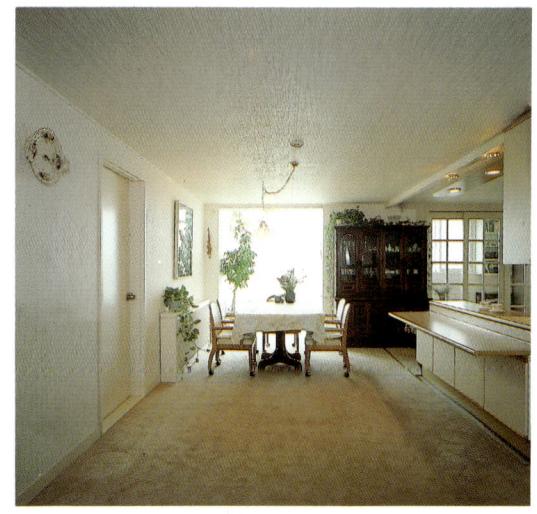

이상희 씨는 대학에서 의류직물학을 전공하여 지금 "각시방"이란 홈웨어 전문 가게를 여러 군데 갖고 있는, 늘 바삐 사는 직업인이다. 전공 때문인지 직업 때문인지는 몰라도 이 집 안주인은 아기자기하고 예쁜 물건들이나 수예품 들을 좋아한다.

천 중에서는 실용적이고 자연에 가까운 무명을 가장 좋아한다. 옷뿐만이 아니라 커튼이나 침대보, 식탁보, 방석, 응접 세트 커버들이 모두 무명이다. 집을 치장하는 데에서도 "자연에 가깝고, 포근하게" 하는 것이 큰 관심사였다. 정원이 없는 아파트는 애당초 자연과 가까울 수가 없는 상황이긴 하지만 푸른 잎을 즐길 수 있는 화분과 꽃을 구석구석에 부엌에까지도 들여 놓고 부엌 가구나 식탁 세트도 자연 나무색으로 하여 얼마 안 되는 세간으로 깨끗하고 단순하면서도 명랑하고 차지 않은 분위기가 되도록 했다. 벽의 그림도 자연을 소재로 한 것이 대부분이고 특히 식당의 그림은 이상희 씨의 이러한 노력을 잘 아는 화가 친구가 헝겊에 그려 선물로 주었다. 자연에 가까운 것을 좋아하다 보니 당연히 바닥 마루도 그대로 드러내 놓고 싶었지만 대부분의 아파트에서 볼 수 있는 격자 무늬의 파케이 마루가 마음에 안 들어 하는 수 없이 마루색에 가까운 베이지색 계통의 카펫을 깔아 버렸다.

세간이 별로 없는 데에 견주어 이 집의 분위기를 그리 썰렁하지 않고 따스하게 해주는 것은 이러한 자연에 가깝도록 마음을 쓴 장식과 더불어, 부엌에서 다용도실로 들어가는 문을 비롯한 모든 유리 창문의 틀을 격자 창문틀로 새로 짜 다른 아파트와는 전혀 다른, 단독 주택에서 느낄 수 있는 "집다움"을 느끼게 해준 잔손질들 덕인 듯하다.

사정숙 씨 집의 바느질방

　음식 잘 만드는 것이 여전히 살림 사는 여자가 갖추어야 할 미덕으로 남아 있는 것에 견주면 바느질 솜씨라는 것은 확실히 뒷전으로 제쳐진 덕목이 되었다. 혼인을 앞두어 필기 도구까지 챙겨 들고 열성으로 요리 학원을 찾아다니는 처자들은 있어도, 하다 못해 재봉틀에 실 꿰는 법이라도 새로 익혀 보는 이는 그리 눈에 띄지 않으니 말이다.

　하기야 도시의 골목 어귀마다 들어서 있는 세탁소에 갖다 맡기면 오백원 안짝의 돈으로 지퍼를 달고 바짓단을 고칠 수 있으며, 유행 지난 바지의 넓은 가랑이를 줄이는 일도 천원이면 되는 세상에 혼수로 재봉틀 사 갈 돈 있으면 좀더 보태서 비디오 같은 것을 사 가는 것이 실제로는 "생활의 지혜"가 될 수도 있기는 하겠다. 서울 성북동에 사는 사정숙 씨 집의 두평 남짓한 바느질방이 잘 꾸며 놓은 그 집안의 어느 곳보다도 도드라져 보이는 것도 사람들이 거개가 바로 그런 신식 생활의 지혜에 쏠려 있기 때문인지도 모른다.

　집을 지을 때에, 사정숙 씨는 이층에 두 아이가 하나씩 쓰는 방 둘과 화장실 그리고 침실을 내고 침실 바로 옆에 스스로 바느질방이

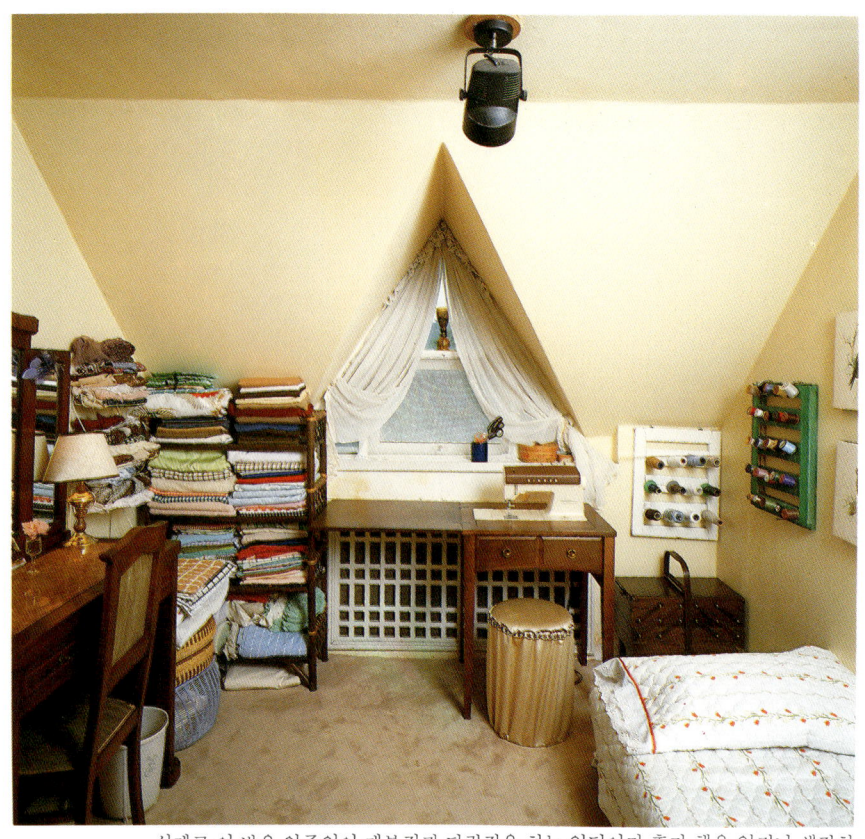

실제로 이 방은 안주인이 재봉질과 다림질을 하는 일터이자 혼자 책을 읽거나 생각하는 곳이기도 하다.

라고 이름을 붙인 작은 방을 하나 두었다. "침방"이라는 것이 왕조 시대의 궁중이나 대가집에나 있던 것인 줄로 아는 이들에게 여염집 의 바느질방이라는 것이 불편하게 들릴 수도 있겠으나 실제로 이 방은 그 집 안주인이 재봉질하고 다림질하는 일터이자 식구들에게 방해받지 않으며 책을 읽거나 거울 앞에 고요히 앉아 보기도 하는 그야말로 "혼자만의 시간을 누리는 곳"일 뿐이다.

뜰 쪽으로 난 세모꼴의 창 때문에 얼핏 서양의 집에서 흔히 보이는 다락방을 연상시키기도 하는 이 방에는 창 앞에 놓인 재봉틀 한대와 나라 안팎의 잡지들이 가득 찬 책꽂이 둘, 화장대, 한 사람이 겨우 누울 수 있는 침대가 가뜩이나 좁은 공간을 꽉 채우고 있다. 재봉틀 옆에는 동대문 종합 시장에서 주로 끊어 온 갖가지 빛깔과 무늬의 천들이 차곡차곡 쌓인 제법 큰 장이 서 있어 처음 보는 이들이면 누구나 "양장점 같다"고 느끼게 한다. 천뿐만이 아니라 선반에 빼곡이 정리된 바이어스와 레이스들, 반짇고리 하나에 가득 들어 있는 온갖 단추와 지퍼들, 나무로 된 낡은 창틀에 페인트를 칠해 걸어 놓고 쓰는 실패꽂이에 촘촘히 꽂힌 실 같은 것들이 이 방 주인의 바느질 솜씨가 예사롭지 않은 경지에 이른 것임을 말해 준다.

실제로 그의 집에서 천으로 된 물건 치고 그가 손수 만든 것이

온갖 빛깔과 무늬의 천, 레이스, 바이어스들이 차곡차곡 정리된 모습은 처음 보는 이들에게 "양장점 같다"는 느낌을 갖게 한다.

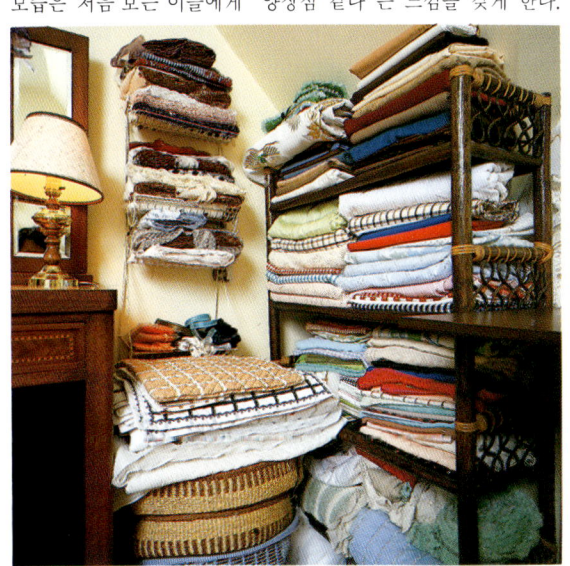

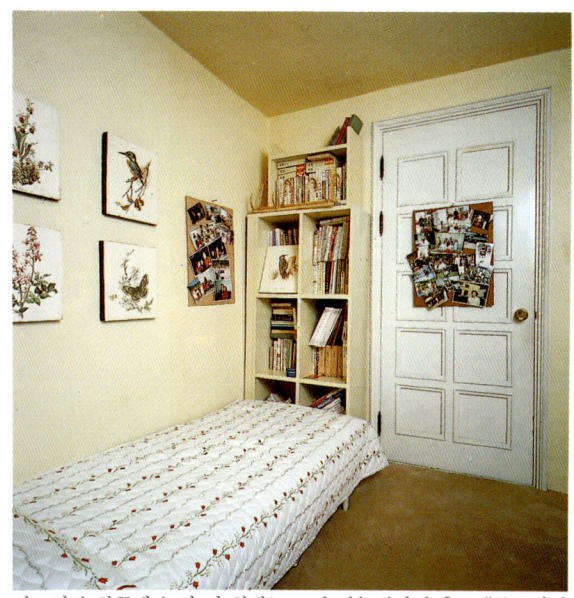

바느질방 한쪽에 놓인 이 침대는 그가 밤늦게까지 홀로 "부스럭거리고 싶을 때" 썩 요긴하게 쓰인다.

아닌 것을 쉽게 찾아 보기 힘들다. 여느 집에서라면 침구점이나 수예점에서 적지 않은 돈을 주고 사 왔을 거실의 크고 작은 쿠션은 말할 것도 없고, 방방에 매달린 커튼이며 테이블보들이 다 그가 박아서 만든 것들이고 심지어는 철철이 바뀌는 컵받침까지도 그의 "작품"이다.

　게다가 그는 "뭐든지 얼른 버릴 줄 모르고, 남이 버리는 거 잘 주워 오는 소질이 있어서" 폐품을 이용하는 데에 보기 드문 정성을 들인다. 이를테면 누빈 천을 끊어다가 박고 바이어스를 대서 푹신하게 만든 쿠션도 비싼 솜 대신에 광에서 놀고 있던, 시집 올 적에 해 온 요들로 속을 채운 것이며, 한때 집집마다 한두채씩 있던 "삼

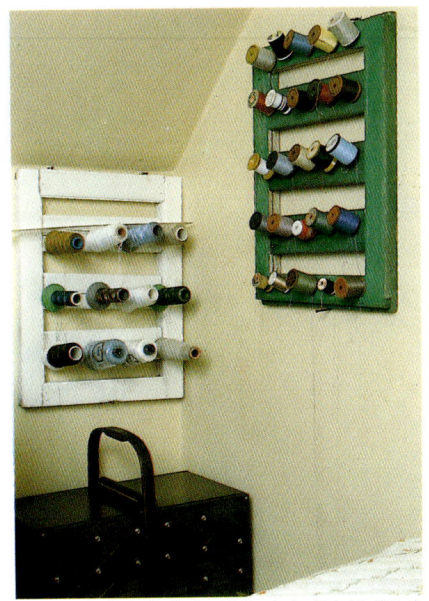
나무로 된 창틀에 페인트칠을 하여 만든 실패꽂이
도 이 방 임자의 폐품 이용 솜씨를 잘 말해 주는
것이다.

단요"라는 것도 그의 집에서는 모조리 그가 갈아 입혀준 옷을 입고
아이들 의자의 등받이로 살아 남아 있다. 친구들이 안 쓰는 구식
탁자 같은 것도 얻어다가 그가 "치마를 만들어 입히면" 그럴 듯한
화장대나 전화 받침대가 되어 주었다.

　이 집으로 이사 오기 전에 살던 아파트에서는 부엌에 딸린 작은
방이 그의 바느질방 노릇을 했다. 말린 빨래를 그 방에서 개키며,
다리미질도 하고 빨래를 하다가 발견한 옷의 타진 데, 단추 떨어진
데를 바로 그 자리에서 손 보았다. 그러나 이 집의 바느질방은 그의
마음에 썩 듦에도 불구하고 아무래도 이층에 있다 보니, 그 전과
같이 빨래를 개키면서 그 자리에서 손 보기가 어려워져서 요새는

작은 반짇고리를 하나 아래층에 두고 있기도 한다.

그는 애지중지하는 "싱거 미싱"에 덮개를 씌워 두지 않는다. 친정 어머니 같은 이가 어쩌다가 와서 보고는 먼지 들어간다고 질색을 하지만 재봉틀의 덮개를 벗기는 것이 귀찮음 때문만으로도 바느질에 게으름을 부릴 수도 있음을 알기 때문이다.

그가 재봉틀에 앉는 시간은 대개 식구들이 다 자는 밤이다. 얼마 안 있어 이사 갈 새 집에 달 커튼을 박는 것이 이즈음의 그의 큰 바느질거리이다. 이 집으로 이사 올 때에도 한창 공사를 마무리하기 바쁜 한 귀퉁이에 재봉틀을 먼저 실어다 놓고 날마다 아침 여덟시부터 밤 열시까지 커튼을 박아 대었었다.

재봉질을 하다가 밤이 깊어지면 그는 구태여 침실로 가지 않고 한쪽에 둔 침대에서 그냥 자기도 한다. 꼭 재봉질을 할 때만이 아니라 읽던 책을 마저 읽고 싶을 때도 남편 옆에서 부스럭거리기 싫어 그 침대에서 책을 읽다가 잔다.

손바닥만한 집에서라도 아무도 침범하지 않는 "내 땅"이 있다는 것은 신나는 일이다. 그 작은 방에 재봉틀이 있으므로 바느질방이라고 이름 붙일 수 있는 것이라면, 책상 하나를 들여 놓고, 또는 화판 하나를 들여 놓고 제 나름대로 이름 붙인 자기 땅을 가져 볼 수도 있지 않을까? 그것은 누구보다도 남편과 아이에 매달려 하루하루를 숨돌릴 틈도 없이 흘려보내기 쉬운 가정 부인에게 가장 필요한 공간일 듯도 하다.

빛깔있는 책들 203-14

방과 부엌 꾸미기

| 글 | —뿌리깊은 나무 |
| 사진 | —뿌리깊은 나무 |

회장	—차민도
발행인	—장세우
발행처	—주식회사 대원사

주간	—박찬중
편집	—김한주, 조은정, 황인원
미술	—차장/김진락
	김은하, 최윤정, 한진
전산사식	—김정숙, 육양희, 이규헌

| 첫판 1쇄 | —1990년 2월 28일 발행 |
| 첫판 5쇄 | —2002년 5월 30일 발행 |

주식회사 대원사
우편번호/140-901
서울 용산구 후암동 358-17
전화번호/(02) 757-6717~9
팩시밀리/(02) 775-8043
등록번호/제 3-191호
http://www.daewonsa.co.kr

(出) 값 13,000원

ISBN 89-369-0080-3 00540

빛깔있는 책들